L'ANALYSE HIÉRARCHIQUE

ÉCOLE PRATIQUE DES HAUTES ÉTUDES — SORBONNE
SIXIÈME SECTION : SCIENCES ÉCONOMIQUES ET SOCIALES

MATHÉMATIQUES ET SCIENCES DE L'HOMME

I

MCMLXV

Editions Mouton
45, rue de Lille
Paris-7e

Editions Gauthier-Villars
55, quai des Grands-Augustins
Paris-6e

BENJAMIN MATALON

L'ANALYSE HIÉRARCHIQUE

MCMLXV

Editions MOUTON
45, rue de Lille
Paris-7[e]

Editions GAUTHIER-VILLARS
55, quai des Grands-Augustins
Paris-6[e]

CET OUVRAGE A ÉTÉ
PUBLIÉ AVEC LE CONCOURS
DU CENTRE NATIONAL DE
LA RECHERCHE SCIENTIFIQUE

Printed in France

1 – PROBLÈMES GÉNÉRAUX DE LA MESURE DANS LES SCIENCES HUMAINES

1.1 — *LA MESURE DES VARIABLES PSYCHOLOGIQUES*

Les résistances que soulevait il y a quelques années encore l'idée même d'une mesure des faits psychologiques, de la « réduction au nombre de l'esprit humain », ont pratiquement complètement disparu avec le développement d'expérimentations et d'applications qui s'efforcent à la rigueur, et avec la clarification de l'objet même de l'activité du psychologue. Néanmoins, le problème de la mesure du comportement, et surtout des variables intermédiaires construites à partir des observables comportementaux, ne peut être considéré commer ésolu dans son ensemble, comme il semble l'être dans d'autres sciences. Les difficultés rencontrées semblent devoir être attribuées à plusieurs causes liées à la faiblesse des formulations théoriques en psychologie.

Premièrement, les variables qui interviennent dans presque tous les phénomènes humains sont tellement nombreuses, et mal connues, qu'il est en fait impossible de les isoler toutes. Ces variables non contrôlées entraînent une très grande dispersion des mesures, dispersion qui est de l'ordre de grandeur des phénomènes mesurés. De ce fait, le « résidu » de toute analyse mathématique est si grand qu'il est souvent impossible d'établir des lois fonctionnelles : on doit alors se contenter de relations dites « qualitatives », de forme très vague, comme « A croît lorsque B croît », ou « il y a une corrélation entre A et B », ou encore « la répartition des différentes modalités de A n'est pas la même dans les différentes modalités de B », etc...

Cela étant, on peut douter de la validité des mesures quantitatives précises, et juger, par exemple, qu'une simple ordination des événements est suffisante.

Une conséquence de ce qui précède, c'est que nous ne connaissons le plus souvent pas de façon précise la relation entre l'instrument de mesure et la variable que nous voulons mesurer. Lorsque nous employons un questionnaire pour « mesurer » une opinion, nous ne savons pas, au départ, quelles sont les relations entre celle-ci et les questions que nous posons, si d'autres variables interviennent, et lesquelles, ni même si la variable qui nous intéresse, l' « opinion », a un sens précis. Toute recherche doit commencer par la mise au point de l'instrument de mesure lui-même, sans qu'il soit le plus souvent possible de se référer à un « standard », qui raccrocherait de manière précise et quantitative la nouvelle recherche à l'ensemble du corps des connaissances psychologiques.

Une comparaison avec un exemple physique éclairera ce point : lorsqu'on mesure une température au moyen d'un thermomètre, on dispose d'une relation précise, quantifiée, entre la hauteur de la colonne de mercure et la température, qui nous est donnée par la loi de dilatation des corps. On peut dire que la température est définie opérationnellement, par cette correspondance, mais il existe des relations tout aussi claires et précises entre la température mesurée par un thermomètre et celle qu'on mesure, par exemple, au moyen d'un couple thermo-électrique. Le concept de « température » unifie un ensemble d'observables, entre lesquels il permet d'établir des relations. Une notion de température qui serait définie opérationnellement par une correspondance avec une hauteur de mercure, et dont on ne connaîtrait les relations avec aucune autre variable, n'aurait qu'un intérêt très limité. Or, c'est ce qui se passe en psychologie : il est toujours possible, et facile, de définir un concept opérationnellement. C'était l'attitude de Binet disant : « l'intelligence, c'est ce que mesure mon test » ; attitude méthodologiquement justifiée, souvent pratiquement efficace, mais qui appauvrit singulièrement la portée du concept ainsi défini. En effet, non seulement nous ignorons au départ les relations entre des variables dont la définition opérationnelle est aussi limitée, mais encore nous ne savons rien de leurs propriétés.

Une autre différence importante avec les variables physiques réside dans la nature des variables observées. En physique, celles-ci sont en général continues comme les variables intermédiaires qu'on cherche à inférer à partir d'elles ; de plus, leur intervalle de variation est étendu. C'est le cas de la déviation d'une aiguille sur un cadran, de la longueur d'une colonne de mercure, etc. Même lorsque la variable est discontinue, comme une fréquence lue sur un compteur, on dispose en général d'un grand intervalle de variation.

En psychologie, de telles variables observables sont assez rares. Certes, on peut penser au temps de réaction, au nombre d'erreurs commises avant d'atteindre un certain résultat, à la force d'une réponse motrice, etc...

Mais un cas très important est celui où le sujet n'a le choix qu'entre un petit nombre de réponses à un stimulus. La variable dans ce cas est discrète, son domaine de variation est généralement très étroit, se réduisant parfois à deux valeurs seulement (juste-faux, oui-non, réponse-pas de réponse, etc...). Il s'agit, à partir de telles données binaires, de reconstruire des ordres ou même des relations plus fortes.

On peut classer les méthodes employées en deux catégories :

— Obtenir sur les stimuli des *jugements comparatifs :* on présentera deux ou plusieurs stimuli et demandera soit de les ordonner selon un certain critère, soit de désigner celui, ou ceux, qui satisfont le plus ou le moins à ce critère. Chaque stimulus est ainsi jugé en relation avec les autres et la réponse qui lui sera donnée dépendra explicitement des autres stimuli présentés avec lui.

— Obtenir sur les stimuli des *jugements absolus*. Chacun d'eux est présenté seul, et on demande d'exprimer un jugement sur lui. S'il s'agit de l'énoncé d'une opinion, ce pourra être l'accord ou le désaccord. Si le stimulus est un problème à résoudre, la réponse pourra être correcte ou non. Dans chaque cas, on ne se réfère en principe pas à d'autres stimuli, mais à des données « subjectives », à des normes, etc... Dans le cas de l'opinion, la réponse sera donnée non par comparaison avec un autre énoncé proposé, mais par référence à l'opinion du sujet lui-même (1).

Une autre distinction possible entre situations de mesure provient du fait qu'il est possible ou non de s'appuyer sur une variable « objective ». Par exemple, dans des jugements de « longueur subjective », on dispose d'une donnée importante, la longueur réelle

(1) Cette distinction est formelle et laisse de côté le fait que, concrètement, on n'a jamais de stimuli vraiment isolés. Ce qui importe ici, c'est la tâche demandée au sujet.

du stimulus, ce qui aide à interpréter les réponses. Dans le cas d'un questionnaire d'opinion, nous ne disposons de rien de semblable.

L'analyse hiérarchique s'applique aux cas où nous disposons d'un ensemble de jugements absolus, sans référence à une variable objective.

1.2 — *LES NIVEAUX DE MESURE*

Avant d'aborder directement le problème des échelles, il importe de le situer dans le cadre d'une théorie générale de la mesure, telle qu'elle a été développée depuis une dizaine d'années par des chercheurs comme Stevens [26] (1), qui en jeta les premiers fondements avec la collaboration du mathématicien Birkhoff, Coombs [3], etc... Nous l'aborderons par deux exemples qui mettront en évidence le sens concret de la succession des niveaux de mesure (2).

Prenons d'abord le cas d'un psychologue ayant imaginé un test constitué par un certain nombre de problèmes. On peut faire correspondre à chaque sujet ayant passé ce test un *nombre*, le nombre de problèmes résolus correctement. Ce processus correspond à la conception classique de la mesure qui consiste à faire correspondre un ou plusieurs nombres à un phénomène. Mais les nombres jouissent d'une très grande quantité de propriétés, et il est possible que l'on ne puisse pas faire correspondre à chacune d'elles une propriété du phénomène étudié. Dans notre exemple, le zéro de l'échelle constituée par le nombre de problèmes résolus ne correspond pas à un zéro de la variable intermédiaire qui nous intéresse et pour la mesure de laquelle nous avons construit le test, l'aptitude sous-jacente. En effet, l'ensemble particulier de problèmes choisis ne nous intéresse pas en tant que tel, mais seulement comme indicateur d'autre chose, d'une variable que nous espérons être de portée plus générale. Or, il est évident qu'il est impossible d'affirmer sans plus que le sujet qui n'a résolu aucun problème ne possède absolument pas l'aptitude étudiée. Du point de vue de celle-ci, le zéro est une valeur purement conventionnelle et arbitraire. Une conséquence de ce fait, c'est qu'il est impossible de définir sur cette échelle des rapports ou

---

(1) Les chiffres entre crochets renvoient à la bibliographie.

(2) La formalisation la plus complète de cette théorie a été récemment donnée par Suppes et Zinnes, Basic Measurement Theory, in Bush, Luce, Galanter (Eds.). Handbook of Mathematical Psychology, New York, Wiley, 1963.

des proportions : du point de vue de l'aptitude, nous ne pouvons pas dire que celui qui a résolu 10 problèmes est deux fois meilleur que celui qui n'en a résolu que 5.

Il reste, après ce premier appauvrissement, plusieurs propriétés importantes, dont a suivante, dont on peut se demander si elle a un sens psychologique dans le cas particulier : il est possible de définir des différences entre nombres, et ces différences sont encore des nombres, que l'on peut comparer entre eux. Nous pouvons dire qu'entre deux sujets, dont l'un a résolu 5 problèmes et l'autre 8, il y a une différence moitié de celle qui existe entre deux autres sujets en ayant résolu respectivement 10 et 16. Si nous nous plaçons de nouveau du point de vue de l'aptitude sous-jacente, nous pouvons considérer que ce n'est pas acceptable. Cela revient à abandonner la métrique de l'échelle.

Il nous reste maintenant l'ordre des valeurs, et les différences entre elles, mais considérées de façon purement ordinale. Nous pourrons dire, par exemple, que la différence entre 5 et 8 problèmes résolus est plus petite que celle entre 10 et 16, mais rien de plus.

Enfin, nous pouvons estimer que nous ne pouvons accorder aucun sens aux différences, et ne prendre en considération que l'ordre des sujets, tel qu'on peut le déterminer à partir de l'ordre des scores.

Un dernier appauvrissement, mais qui n'aurait aucun sens dans le cas particulier, consisterait à considérer comme équivalents les sujets qui ont le même score, en refusant de définir toute autre relation que l'équivalence et la non-équivalence. Le nombre ne serait plus qu'une étiquette arbitraire, comme un numéro de téléphone.

Un autre exemple nous montrera le processus inverse : au cours d'une enquête d'opinion, dans la phase préliminaire, on se trouve en présence d'un grand nombre d'énoncés, tous différents les uns des autres. Un premier pas consiste à les grouper en un certain nombre de catégories, en mettant ensemble tous ceux qui, selon un critère donné, peuvent être considérés comme équivalents. Entre ces catégories n'existent que des relations de non-équivalence.

Ce groupement effectué, il peut être possible d'ordonner ces différentes catégories : par exemple, s'il s'agit d'opinions politiques, cette ordination pourra peut-être se faire de la gauche à la droite. On peut ensuite définir, entre les catégories ainsi ordonnées, des différences qu'on ordonnera à leur tour. On pourra dire, par exemple, que la différence entre les Indépendants et les Radicaux est moins grande que celle entre les Radicaux et les Communistes. Enfin, on peut trouver des moyens pour chiffrer à la fois les opinions et leurs différences, puis introduire un zéro et une unité non arbitraires.

Les processus que nous avons décrits sur ces deux exemples sont exactement inverses l'un de l'autre : dans le premier cas, on partait d'une mesure très riche, qu'on appauvrissait peu à peu, lorsque les propriétés mathématiques des nombres se trouvaient n'avoir pas de correspondant psychologique ; dans le deuxième, au contraire, partant de relations très simples, nous en avons ajouté d'autres, jusqu'à obtenir le niveau cherché de richesse d'information.

Les différents niveaux de mesure que nous avons ainsi rencontrés étaient les mêmes dans les deux exemples. Nous pouvons maintenant les définir plus exactement.

Le premier niveau de mesure consiste simplement à grouper les éléments à mesurer en catégories définies de façon simplement qualitative. C'est l'échelle dite *qualitative* ou *nominale*. Les seules relations existant entre les éléments sont celles d'équivalence (entre éléments de même catégorie) et de non-équivalence (entre éléments de catégories différentes). Une permutation des catégories (ou classes d'équivalence) ne modifie pas l'échelle. (On peut définir une échelle par les transformations qui laissent invariantes ses propriétés caractéristiques).

Le second niveau est constitué par l'échelle *ordinale*, caractérisé par le fait qu'on a défini une relation d'ordre entre les catégories. Elle reste invariable sous toute transformation monotone.

Le troisième niveau est constitué par l'échelle *hyper-ordinale* (ou métrique ordonnée « ordered metric scale »), dans laquelle sont définies, en plus, les différences entre catégories et l'ordre de ces différences.

Le quatrième niveau est formé par l'échelle d'*intervalle* (« interval scale ») dans laquelle les différences sont définies numériquement, mais pas les rapports entre valeurs. Le zéro d'une telle échelle est donc arbitraire ; elle reste invariante sous toute transformation de la forme $x' = ax + b$. Contrairement à l'échelle hyper-ordinale, on peut avoir des différences ou des rapports de différences entre valeurs.

Le cinquième niveau se caractérise par le fait que le rapport entre deux valeurs est défini, en plus des différences. Cette nouvelle propriété introduit un zéro non arbitraire, mais, comme pour l'échelle à intervalle, l'unité reste arbitraire. C'est l'échelle *de rapport* (« ratio scale »), invariante sous les transformations de la forme $x' = ax$.

Enfin, un sixième niveau est constitué par le *dénombrement* qui jouit de toutes les propriétés des échelles précédentes, mais en plus l'unité n'est pas arbitraire. Cette échelle n'est invariante que sous la transformation $x' = x$.

Ces différents niveaux sont définis de façon cumulative : chacun conserve les propriétés des niveaux précédents. Ce sont les plus importants, mais il est possible d'en définir d'autres, par exemple en introduisant un ordre partiel, ou en définissant les rapports sans les différences, etc...

Ce cadre général étend la notion de mesure, notamment en englobant les cas, très importants dans les sciences humaines, dans lesquels on ne dispose pas d'une unité de mesure, même arbitraire.

De plus, il permet de définir de façon précise le type de traitement mathématique, statistique en particulier, qui sera le plus adéquat. En effet, il existe des techniques statistiques spécifiques pour certains au moins de ces niveaux de mesure. Par exemple, le test de χ^2 s'applique aux variables qualitatives ; lorsqu'on l'applique à des données ordinales, on perd une information utile, celle qui est fournie par l'ordre des valeurs. En revanche, si on applique à ces mêmes données des techniques de la statistique classique, comme le coefficient de corrélation de Bravais-Pearson, on introduit une métrique arbitraire, par exemple en les traitant comme si les intervalles entre deux rangs successifs étaient tous égaux, ce qui ne se justifie le plus souvent pas.

En considérant toutes ces échelles, et d'autres qu'on peut concevoir, comme des types de « mesure », on donne à ce dernier terme un sens plus large que le sens mathématique habituel. Toutefois, cette terminologie semble actuellement admise de façon générale dans les sciences humaines (1). Une telle extension s'avérait très commode à cause de la rareté des cas où une « mesure » au sens strict est possible et a une signification concrète.

L'emploi du terme « mesure » dans son sens étendu permet de poser les problèmes de façon générale, indépendamment du type d'échelle employé.

En effet, certains problèmes se posent dans les mêmes termes quel que soit le niveau de mesure, et on sait les résoudre pour plu-

(1) En anglais, on emploie de préférence le terme de « scaling », gardant « measurement » pour la mesure au sens strict.

sieurs de ces niveaux. Par exemple, on peut chercher à vérifier l'hypothèse que deux variables sont associées. La technique employée seule différera selon l'échelle sur laquelle est mesurée la variable. S'il s'agit d'une échelle nominale, on calculera un χ^2 de contingence. Si la variable est ordinale, ou métrique, on aura recours, respectivement, aux coefficients de Kendall ou de Bravais-Pearson.

Cette perspective permet de ne pas lier l'emploi de techniques statistiques rigoureuses à une mesure au sens strict, qui n'est souvent pas disponible, ou n'a pas de sens.

La théorie des échelles d'attitude, ou échelles de Guttman, porte sur la construction d'échelles ordinales d'une forme particulière, et l'introduction éventuelle d'une métrique rationnelle. Le domaine d'application de cette technique n'est d'ailleurs pas limité aux opinions et aux attitudes. De nombreux autres comportements peuvent être analysés de cette manière, surtout dans le domaine de la résolution de problèmes.

L'analyse hiérarchique, qui permet la construction de telles échelles, n'est pas la seule méthode utilisée pour obtenir des variables ordinales. Elle présente toutefois un intérêt particulier car, comme nous le verrons, elle met en évidence une structure très générale, sous-jacente dans tous les cas où on cherche à construire une variable ordinale à partir de données binaires.

1.3 — *LA DUALITÉ INDIVIDUS-COMPORTEMENTS*

Lorsqu'on cherche à étudier des phénomènes psychologiques dans une population donnée, le problème peut se poser sous deux formes ;

— on peut s'intéresser aux *comportements* et étudier les relations qui existent entre eux,

— on peut s'intéresser *aux individus*, et chercher à les discriminer, à en « mesurer » certaines caractéristiques.

Traditionnellement, ces deux problèmes constituent l'objet, le premier de la psychologie dite « générale », le second de la psychologie différentielle.

Par exemple, si on a posé une série de problèmes à un échantillon de sujets, on peut chercher quelles sont les relations entre ces problèmes. On se demandera si on peut les ranger par ordre de difficulté croissante, si certains sont résolus simultanément par les mêmes sujets, s'il se trouve que l'un d'eux l'a toujours été par ceux qui ont résolu un certain autre, etc... A partir de telles données, on pourra inférer les mécanismes qui interviennent dans la résolution de ces problèmes, et analyser des structures intellectuelles, sans s'intéresser explicitement aux différences entre les sujets. Mais il est également possible d'utiliser une série de problèmes comme un test d'aptitude, c'est-à-dire comme un instrument nous permettant d'évaluer le degré de l'aptitude en question chez chacun des sujets de l'échantillon.

Ces deux démarches sont solidaires : il est en effet illusoire de chercher à « mesurer » une variable quelconque si on ne sait rien de l'instrument employé. On pourra dire qu'un sujet est supérieur à un autre, par exemple, s'il a résolu plus de problèmes. Mais cela suppose qu'on a déjà vérifié (ou admis) que ces problèmes sont, en un certain sens, équivalents.

Mais ces relations entre comportements, à leur tour, ne s'expriment le plus souvent que par l'intermédiaire de relations entre les groupes de sujets qui en présentent les différentes modalités. Affirmer qu'un problème A est plus difficile qu'un autre B revient à avoir constaté qu'il y a plus de sujets qui résolvent B que A. Si on est plus exigeant, on voudra que tous les sujets qui ont résolu A aient également résolu B.

Théoriquement, nous nous trouvons donc en présence de deux aspects indissociables de toute étude psychologique : des relations entre sujets traduisent les relations entre comportements et réciproquement. Mathématiquement, on peut souvent montrer qu'il y a *dualité* entre sujets et comportements.

Nous verrons plus loin comment s'exprime cette dualité dans le cas de l'analyse hiérarchique. Un autre exemple nous est fourni par l'analyse factorielle du type Q [32] : au lieu de calculer, comme on le fait habituellement, des corrélations entre tests, on calcule des corrélations entre sujets. Au lieu de trouver des facteurs qui saturent les tests, on en trouve qui saturent les sujets. Les deux résultats ne sont évidemment pas indépendants, puisque le point de départ était dans chaque cas la même matrice sujets $\times$ tests. Dans un cas on a mis en évidence les parentés entre tests, dans l'autre, les parentés entre sujets. Mais dire que deux tests sont proches revient à dire que, statistiquement, ils sont résolus par les mêmes sujets, et deux sujets voisins ont résolu à peu près les mêmes tests. On est constamment renvoyé des uns aux autres.

Toutefois, si cela est vrai sur le plan théorique, on se trouve amené, devant un problème précis, à mettre l'accent sur l'un ou l'autre de ces deux aspects. Par exemple, si on essaie de construire un instrument de mesure, on pourra éliminer un item dont la corrélation avec un autre est trop forte : la présence de cet item n'ajoute rien au pouvoir discriminant de l'instrument. On pourra aussi négliger un item auquel tous les sujets réagissent de la même façon. En revanche, si on s'intéresse aux comportements eux-mêmes, ces résultats pourront se révéler aussi importants que d'autres.

Il n'est d'ailleurs le plus souvent pas possible d'analyser simultanément (et de façon également précise) les sujets et les comportements sur les mêmes données. Outre les cercles vicieux qui risquent d'apparaître sur le plan des concepts, leurs définitions renvoyant de l'un à l'autre, on peut se heurter à des obstacles plus formels. En effet, pour pouvoir analyser suffisamment finement l'un des deux ensembles (sujets ou comportements) il est en général nécessaire que l'autre soit assez étendu, pour que la précision sur les résultats soit suffisante. On ne peut pas discriminer finement, en minimisant les erreurs, un grand nombre de sujets par un petit nombre de comportements. Toute augmentation du nombre de sujets, qui améliore l'échantillon, exigera un accroissement du nombre de comportements étudiés pour conserver la même précision.

Nous reviendrons plus loin, à propos du cas particulier de l'analyse hiérarchique, sur certaines conséquences de cette dualité. Notons dès maintenant que c'est une des rares techniques où individus et comportements jouent des rôles symétriques. Le résultat de l'analyse est d'ordonner aussi bien les uns que les autres.

2 – LE PRINCIPE DES ÉCHELLES CUMULATIVES

2.1 — *LE MODÈLE DE BASE* [11]

Lorsqu'on a construit un ensemble d'items (1) en vue de « mesurer » une certaine attitude, ou aptitude, ou toute autre grandeur psychologique dont on suppose qu'elle varie à l'intérieur d'une population, trois problèmes principaux se posent :

1. Peut-on admettre que l'ensemble des items se réfère à une seule variable principale ?
2. Quelles sont les relations entre les items ?
3. Quel est l'ordre des sujets selon la variable ?

Les deux derniers problèmes sont évidemment subordonnés au premier.

L'analyse hiérarchique se donne pour but de répondre simultanément à ces trois questions.

Méthodologiquement, *l'échelle de Guttman, ou échelle cumulative* (que nous appellerons dans la suite simplement « échelle » lorsqu'aucune ambiguïté ne sera possible) constitue un *modèle*, c'est-à-dire un ensemble de relations définies de façon formelle, dont on peut étudier les propriétés théoriques, et tel qu'il soit possible de faire correspondre à certains termes du modèle des aspects obser-

(1) Nous employons le terme général d' « item » pour indiquer les différentes occasions de comportements proposées aux sujets, qu'il s'agisse de questions, de problèmes, etc...

vables du phénomène qu'on désire étudier. C'est le modèle sur lequel se fonde l'analyse hiérarchique.

Comme nous l'avons vu, les variables psychologiques intéressantes, pour la plupart, ne sont pas mesurées directement, mais sont des constructions effectuées à partir de réponses des sujets ; ces réponses sont le résultat d'un choix parmi un ensemble de réponses possibles. Cet ensemble est généralement très restreint, et l'information apportée par chaque réponse est par conséquent faible ; le problème est donc de choisir des questions telles que l'information apportée par l'ensemble des réponses soit la plus grande possible. Les variables psychologiques inférées de cette manière ne font rien de plus que de traduire un ensemble de choix, et se rapprochent donc, par cet aspect, de la fonction « utilité » de la théorie économique.

Dans ce qui suit, nous commencerons par traiter le cas où le nombre de réponses possibles est de deux seulement (2) ; les problèmes en sont considérablement simplifiés, non seulement parce qu'on réduit ainsi le nombre de termes intervenant dans les expressions, mais aussi parce qu'il devient alors possible, le plus souvent, de faire abstraction de la relation d'ordre entre les deux réponses. Nous consacrerons plus loin un chapitre au cas où plus de deux réponses sont possibles (Chapitre 4).

Une première manière de mesurer une variable latente consiste à la mettre en relation avec une autre variable déjà connue, par exemple une variable physique. Supposons, par exemple, que nous voulions estimer la taille d'un groupe d'individus au moyen de questions dichotomiques. Nous pouvons leur poser des questions de deux types :

a) *Des questions dites « ponctuelles » (point items)*, de la forme : « Avez-vous 1 m 60 ? », « Avez-vous 1 m 65 ? », etc...

On voit que, pour chaque question de ce type, la réponse « oui » apporte beaucoup d'information, étant peu probable, alors que la réponse « non », dont la probabilité est élevée, n'apporte presque pas de renseignements. En employant le langage de la théorie de l'information, l'entropie, autrement dit l'information moyenne transmise par de tels items, est faible.

---

(2) Ces deux réponses pourront par exemple être « oui » — « non », « d'accord » — « pas d'accord », « juste » — « faux » ; ce pourrait être aussi « comportement présent ou absent », etc... De tels items sont appelés « dichotomiques ».

Nous pouvons représenter de tels items par un diagramme du genre de celui de la figure 2-1. En abscisse, nous reportons la taille des sujets ; en ordonnée, la probabilité de la réponse « oui ». (Nous ne considérerons ici qu'un modèle strictement déterministe, dans lequel n'interviennent donc que les probabilités 0 et 1. Nous continuerons toutefois à parler de probabilités, en vue d'une généralisation éventuelle).

Chaque item est caractérisé par une courbe de la forme de celle de la figure 2-1 qui donne la probabilité pour qu'un individu ayant la taille considérée réponde « oui » à la question. Une telle courbe est appelée la « *trace* » ou « *caractéristique* » de l'item (*trace-line* ou *operating characteristic*). On voit que la trace d'un item ponctuel présente un maximum pour un point de l'abscisse.

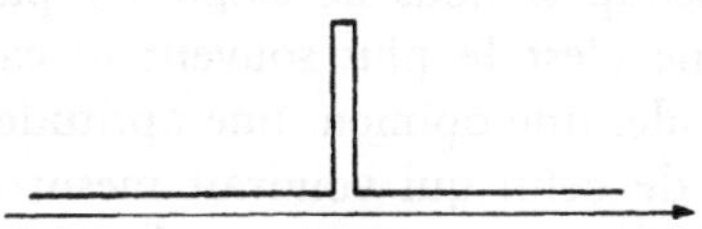

FIG. 2-1

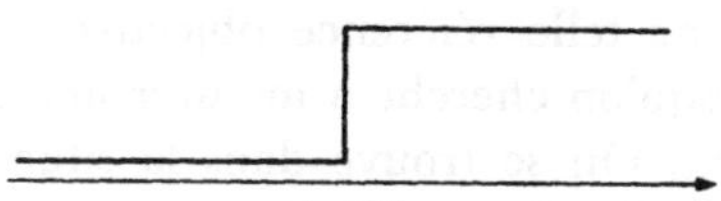

FIG. 2-2

b) *Des questions « cumulatives »* de la forme : « Avez-vous plus de 1 m 60 ? ».

Un tel item divise la distribution des tailles en deux parties, et la réponse du sujet permet de le situer dans l'une d'elles. Il serait facile de montrer que l'entropie de tels items est plus forte que celle d'items ponctuels, chacune des deux réponses apportant une information élevée. La trace d'un item cumulatif a la forme de celle de la figure 2-2. C'est une courbe monotone, d'où le nom « d'items monotones » donné à ce genre de questions.

Chaque réponse négative à un item ponctuel laisse possible une zone très étendue, puisqu'elle n'élimine qu'un tout petit nombre de valeurs ; un grand nombre de questions sera donc nécessaire pour déterminer de cette manière la taille d'un sujet, puisqu'il faudra dans certains cas explorer toute l'échelle avant de tomber sur la question à laquelle le sujet répondra « oui ». En revanche, chaque réponse à un item cumulatif permet d'exclure une partie importante de l'échelle, diminuant ainsi le nombre moyen d'items nécessaires. Si on pose quand même toutes les questions, elles se confirment entre elles.

En d'autres termes, les deux réponses à un item cumulatif

apportent à peu près la même quantité d'information, alors que dans le cas d'items ponctuels, une des réponses en apporte beaucoup et l'autre très peu. En principe, pour obtenir une information donnée, il faut donc un nombre moins grand d'items cumulatifs que d'items ponctuels. Ou alors, à nombre d'items égal, l'information apportée par les items cumulatifs sera « redondante », c'est-à-dire que les différentes réponses se confirmeront les unes des autres.

Dans l'exemple précédent, les relations entre questions ne nous posaient pas de problèmes, puisque nous pouvions nous référer à une variable objective, une longueur mesurée en mètres. C'est le cas de la psychophysique, qui étudie la relation entre les variables psychologiques ou subjectives d'une part, et physiques ou objectives d'autre part.

Le problème se complique beaucoup si nous ne disposons pas d'une telle référence objective, comme c'est le plus souvent le cas lorsqu'on cherche à mesurer une attitude, une opinion, une aptitude, etc... On se trouve dans la situation de celui qui voudrait mesurer la taille d'un individu, comme précédemment, au moyen de questions dichotomiques, mais qui ne disposerait pour cela que d'un certain nombre de tiges de longueurs différentes, qu'il ne pourrait ni mesurer, ni comparer directement entre elles. Les questions posées aux sujets doivent donc avoir aussi bien pour but de déterminer l'ordre des tiges que celui des sujets. À ce moment, des questions du type ponctuel, déjà peu intéressantes dans le cas psychophysique, deviennent inutilisables maintenant, puisque nous n'avons aucun moyen de connaître les relations qui existent entre elles.

En revanche, il est possible d'ordonner des items cumulatifs à partir de la connaissance des réponses : en effet, les différentes combinaisons de réponse à plusieurs items ne sont pas toutes possibles. On le voit immédiatement, pour le cas de deux items, sur la figure 2-3. La combinaison 0 1 (3) est impossible ; il ne peut pas se trouver de sujet qui réponde « non » à la question « Avez-vous plus de 1 m 60 ? » et « oui » à « Avez-vous plus de 1 m 65 ? ». Réciproquement, si nous trouvons une paire de questions telles que,

(3) Nous représenterons chacun des deux types de réponses par les symboles 0 et 1. Cette attribution est arbitraire. Il faut toutefois prendre garde que l'ordre 0 1 ait la même signification pour tous les items. Par exemple, si 1 représente pour un certain item la réponse la plus « favorable » du point de vue de la variable considérée, il devra en être de même pour les autres même si le libellé des réponses est différent. Le « codage » des réponses est souvent évident, mais pose néanmoins parfois des problèmes, et peut être source d'erreurs si on n'y prend pas suffisamment garde.

sur les deux combinaisons intermédiaires de réponses (0 1 et 1 0) possibles, une seulement est représentée, nous pouvons affirmer qu'un ordre existe entre ces deux questions, et donc qu'elles rapportent à la même variable, ou plutôt qu'elles définissent une seule variable. Cela peut évidemment se généraliser à un nombre quelconque de questions.

Plus directement, le problème se pose de la façon suivante : on a proposé à un groupe de sujets des items ; pour chacun d'eux on a défini une réponse « favorable » (1) et une réponse « défavorable » (0). *A priori*, il peut y avoir quatre groupes de sujets, définis par leurs deux réponses : 00, 10, 01, 11. Il est évident que les sujets qui ont donné 00 sont les plus défavorables, que ceux qui ont donné 11 sont les plus favorables, et que les deux autres groupes se situent entre eux. Mais comment ordonner ces deux derniers groupes ? En l'absence de données extérieures sur les deux items, qui fixeraient un ordre *a priori* sur eux, il n'est pas possible de répondre à cette question. En revanche, si un de ces deux groupes intermédiaires, par exemple 01, n'est pas représenté, les trois groupes restants peuvent être ordonnés sans ambiguïté.

De plus, on aura obtenu ainsi l'ordre des items. En effet, si les réponses obtenues sont 00, 10 et 11, on voit que la réponse 1 au premier item a été donnée par les sujets « moyens » et par les « favorables », alors que n'ont répondu 1 au deuxième item que les « favorables ». On peut donc en conclure que le premier item exprime une position moins favorable que le second.

Dans le cas de deux items, l'absence d'une des combinaisons de réponses intermédiaires nous permet donc d'ordonner aussi bien les sujets que les items.

Dans le cas de plusieurs items, on admettra qu'ils constituent une échelle s'il est possible de retrouver cette même relation d'ordre entre toutes les paires d'items. Pratiquement, on vérifiera que les réponses se répartissent de la façon représentée dans le tableau I.

Tableau I

ITEMS :						
a	b	c	d	e	f	scores
0	0	0	0	0	0	0
0	0	0	0	0	1	1
0	0	0	0	1	1	2
0	0	0	1	1	1	3
0	0	1	1	1	1	4
0	1	1	1	1	1	5
1	1	1	1	1	1	6

On voit qu'une échelle de *n* questions permet de distinguer $n + 1$ catégories de sujets ; ceux-ci peuvent être désignés par leur « score », c'est-à-dire par la somme des coefficients attribués à chaque réponse, ce qui revient, dans notre cas, au nombre de réponses 1 données. Une caractéristique importante des échelles, c'est *qu'à un score donné correspond un seul « patron »* (4) *de réponses* ; en d'autres termes, connaissant le score d'un sujet, il est possible de reconstituer l'ensemble de ses réponses.

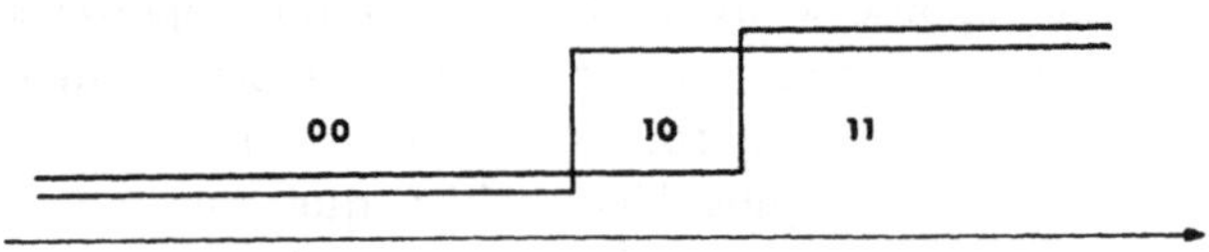

Fig. 2-3

Dans le Tableau I, les « 1 » forment un triangle ; on préfère souvent présenter les données en les dédoublant, comme dans le Tableau II. Les « 1 » forment alors un parallélogramme. Cette dernière représentation est particulièrement commode pour l'analyse de données empiriques. C'est le « modèle parallélogrammatique » auquel il est fait très souvent allusion, et sur lequel nous reviendrons dans le chapitre suivant. Quant à l'ordre des items et des sujets, il est donné immédiatement par celui des sommes marginales correspondantes.

Tableau II

a	b	c	d	e		a	b	c	d	e
0	0	0	0	0		1	1	1	1	1
0	0	0	0	1		1	1	1	1	0
0	0	0	1	1		1	1	1	0	0
0	0	1	1	1		1	1	0	0	0
0	1	1	1	1		1	0	0	0	0
1	1	1	1	1		0	0	0	0	0

Il est important de noter que la « relation d'échelle » entre deux items n'est pas nécessairement transitive. On ne se trouvera en présence d'une échelle que lorsque la transitivité est vérifiée, dans le cas de plusieurs items.

(4) Dans notre cas, un « patron » (ou, si on adopte le terme anglais, un « *pattern* ») est une suite ordonnée de 0 et de 1 représentant les réponses d'un sujet aux différents items.

2.2 — *SIGNIFICATION PSYCHOLOGIQUE DES ÉCHELLES*

2.2.1 — Interprétation de l'ordre

Mathématiquement, constater qu'un certain nombre d'items constituent une échelle revient à introduire un ordre sur ces items. Psychologiquement, l'ordre ainsi défini est susceptible d'interprétations particulièrement riches. Pour s'en rendre compte, reprenons l'exemple du test constitué par un certain nombre de problèmes, chaque sujet étant caractérisé par le nombre de problèmes qu'il a résolu. Il est évidemment possible d'ordonner les sujets de cette façon, mais l'ordre obtenu est psychologiquement équivoque : deux sujets pourront avoir obtenu le même score, se trouver donc dans la même classe d'équivalence, et néanmoins avoir résolu des problèmes différents. En sommant ainsi les problèmes résolus, nous admettons implicitement qu'ils sont tous équivalents, c'est-à-dire qu'ils sont de même difficulté, et qu'ils se rapportent dans une mesure suffisante à la même aptitude (quel que soit le sens qu'on donne à ce terme). Cette équivoque est dissipée lorsque ces problèmes forment une échelle, puisque dans ce cas chaque score ne peut être obtenu que d'une seule manière.

Le caractère particulier de la relation d'ordre telle qu'elle existe dans les échelles est encore plus net si nous reformulons la condition fondamentale de la manière suivante : un ensemble d'items constitue une échelle si on peut les ordonner de telle sorte que *tout sujet qui a répondu positivement à l'item* n *a également répondu positivement à l'item* n-1, et par conséquent à tous les précédents.

Ainsi, dans l'exemple ci-dessus, si on sait que tous ceux qui ont résolu un certain problème *a* en ont également résolu un autre *b*, sans que la réciproque soit vraie, on peut penser que les mécanismes intellectuels ou les connaissances qui interviennent dans la résolution de *a* sont ceux qui sont nécessaires pour celle de *b*, avec quelque chose en plus. L'unidimensionnalité de la variable sous-jacente prend ainsi une signification précise. C'est, par exemple, la relation qui doit exister entre la résolution d'une équation du premier degré et celle d'un système d'équations du premier degré. Dans ce cas, la relation est évidente, et constater que ces deux tâches forment une échelle n'apporte pas beaucoup d'information ; en revanche, si on ajoutait une équation du deuxième degré et un système d'équations du deuxième degré, et qu'on constatait que les quatre problèmes forment une échelle, à ce moment on toucherait quelque chose d'important : cela voudrait dire que les mécanismes nécessaires pour la résolution d'un système du premier degré interviennent, avec d'autres, dans celle d'une équation du second degré, ce qui n'est pas évident.

Dans le domaine des opinions et attitudes, l'interprétation de l'ordre obtenu dans une échelle présente également un intérêt particulier, par rapport à une relation d'ordre obtenue différemment. Par exemple, si un sujet est cohérent, lorsqu'il a affirmé qu'il est hostile à toute augmentation d'impôts, il doit également s'opposer à l'augmentation de tel impôt particulier, sans que la réciproque soit vraie : on peut fort bien ne pas être opposé en principe à une augmentation d'impôts, mais être contre une augmentation particulière. Les deux questions forment bien une échelle, malgré que l'identification de la variable sous-jacente présente des difficultés. A partir de la connaissance de ces deux questions seulement, il est difficile de dire s'il s'agit de l'attitude vis-à-vis des impôts en général, ou du domaine auquel se rapporte l'impôt particulier dont il est question. Cela ne peut être tranché qu'en trouvant d'autres questions qui constituent une échelle avec les premières, et en interprétant l'ensemble.

La relation d'ordre existant dans une échelle correspond à une relation d'inclusion : les sujets qui obtiennent les différents scores peuvent être considérés comme situés dans une série de classes emboîtées. De façon plus large, on peut l'interpréter comme une relation d'implication entre items (ou entre réponses).

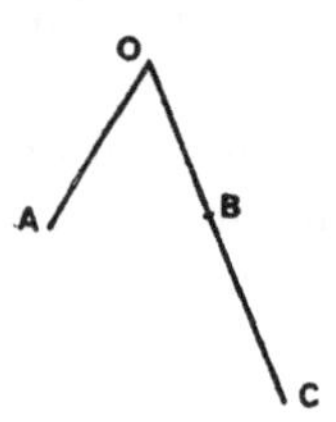

FIG. 2-4

Pour bien distinguer l'ordre hiérarchique d'un ordre obtenu différemment et qui apparaîtrait comme moins « fort », nous prendrons une image. Il est possible d'ordonner sans difficulté des points selon leurs distances à une origine O (fig. 2-4). Nous avons ainsi l'ordre OABC. Mais O, B et C sont dans la même direction, c'est-à-dire que pour aller de O à C, il a fallu passer par B, mais pas par A. Le chemin OB est inclus dans le chemin OC.

Toutefois, on peut dire qu'un chemin égal à OA est inclus

dans OB et OC. On retrouve une relation d'inclusion, mais portant sur un petit nombre d'aspects des chemins en cause, alors que la relation d'inclusion entre OB et OC portait sur tous les aspects.

Ainsi, on peut dire que chaque fois qu'on ordonne des items, on se réfère à une série d'inclusions, comme dans le cas d'une échelle ; toutefois, les caractéristiques sur lesquelles porte l'inclusion ne sont qu'une partie des caractéristiques des objets étudiés.

Établir un ordre entre les objets, c'est donc admettre qu'il y a un point de vue selon lequel ces objets forment une échelle. C'est en ce sens que nous disions, au Chapitre Ier, que l'analyse hiérarchique met en évidence une structure qui est implicite chaque fois qu'on travaille avec les variables ordinales. Nous reviendrons sur d'autres problèmes soulevés par l'interprétation de l'unidimensionnalité dans le chapitre consacré à l'analyse multidimensionnelle.

En interprétant l'ordre obtenu, il faut encore prendre garde au fait que, de l'existence d'une échelle, donc d'un ordre sur les items, dans une population, on ne peut pas en toute rigueur conclure à l'existence de cet ordre, pour chaque individu considéré isolément. Ce que fait chaque sujet, c'est une dichotomie entre items. On en infère un ordre sur ces items, qui exprime une relation d'inclusion entre groupes de sujets. Rien ne nous permet d'affirmer que si on interrogeait les sujets plus finement, en leur demandant d'ordonner complètement les items, on retrouverait la même homogénéité et le même ordre. Tout ce qu'on peut constater, c'est une certaine cohérence entre les dichotomies des différents sujets, et un ordre sur les groupes de sujets.

2.2.2 — Les trois problèmes de l'analyse hiérarchique

Vérifier qu'un ensemble d'items appliqué à une certaine population constitue une échelle nous permet d'ordonner simultanément les sujets et les items, et donc nous renseigne aussi bien sur les uns que sur les autres. En effet, dans les tableaux I et II, on voit que les lignes et les colonnes jouent exactement le même rôle et qu'on peut les transposer sans difficulté, en tenant compte du fait que la variation du nombre d'items entraîne une variation de la discriminativité sur les sujets, et inversement. Nous avons là un exemple de la dualité entre sujets et comportements que nous avons signalée au Chapitre Ier. C'est un des rares cas où l'analyse des sujets et des items est simultanément possible, la différence ne portant que sur la précision : avec un petit nombre d'items et un échantillon de sujets important, on obtiendra en général un ordre complet sur les items, puisque ceux-ci sont discriminés par les sujets, et des classes ordonnées sur ces derniers. Si on veut distinguer au maximum les sujets, il faut augmenter le nombre d'items, au détriment de la précision sur ceux-ci.

Selon le problème posé, on sera amené à mettre l'accent sur l'un ou l'autre de ces aspects de l'analyse hiérarchique, ce qui amènera à des démarches concrètes très différentes.

On peut grouper en trois catégories les problèmes pour la solution desquels on a recours à l'analyse hiérarchique.

1. On désire *vérifier l'hypothèse qu'un certain domaine*, défini en termes généraux, *est unidimensionnel.* Par exemple, on se demandera si l'attitude à l'égard d'un parti politique, ou l'aptitude arithmétique sont unidimensionnelles.

2. On veut *savoir si un certain nombre de comportements* bien déterminés *constituent une échelle.* Par exemple, on veut savoir si tous ceux qui ont voté pour le candidat d'un certain parti approuvent un point particulier de son programme.

3. On désire *constituer un instrument de mesure permettant d'ordonner les sujets d'une population donnée* selon une certaine variable ; par exemple, on cherche à ordonner les sujets du plus favorable au plus défavorable au parti en question.

Ces problèmes se trouvent presque toujours mêlés : on définit le domaine étudié par les comportements qui s'y rapportent, on ne veut pas ordonner les sujets n'importe comment mais on voudrait être sûr qu'on le fait bien selon le critère voulu, etc... Néanmoins l'accent sera mis sur l'une ou l'autre des formulations ci-dessus.

Pour Guttman [11], on se trouve toujours dans le cas 1. Dès le moment où on se fixe un certain domaine d'étude, on définit par là même un « univers de contenu » (« *universe of content* ») formé de l'ensemble des questions que l'on pourrait poser sur le domaine considéré, et qui est un homologue exact de la population des sujets étudiés. Cet univers est évidemment constitué par un très grand nombre de questions, beaucoup plus qu'on n'en peut poser réellement. Guttman préconise de traiter cet « univers de contenu » comme la population des sujets et d'en prélever un « échantillon représentatif » pour constituer le questionnaire, exactement comme on prend un échantillon de sujets.

Si les questions de cet échantillon forment une échelle, on pourra en conclure que l'univers qu'on avait défini *a priori*, et dont l'échantillon était extrait, est bien unidimensionnel. En même temps, le questionnaire constitue un instrument permettant d'ordonner les sujets selon la variable caractéristique de l'univers en question. En revanche, si les items ne « scalent » pas, on en conclura que l'univers n'est pas unidimensionnel et que c'est un faux problème d'essayer d'ordonner les sujets du point de vue considéré.

On voit immédiatement tous les problèmes que soulève la notion d'échantillon représentatif d'un univers de contenu ainsi défini. Nous ne disposons de critère ni pour décider de façon non ambiguë si un item fait ou non partie de l'univers, ni si l'échantillon choisi est vraiment représentatif. Il se pose en plus un problème d'ordre logique embarrassant : si l'échantillon représentatif forme une échelle, on devrait, selon Guttman, pouvoir généraliser ce résultat, et affirmer que l'univers est unidimensionnel. Il faudrait alors en conclure qu'aux variations aléatoires près, tout autre échantillon du même univers donnerait également une échelle, ce qui est une conclusion manifestement abusive. Ces difficultés montrent que les notions d'échantillon représentatif et d'univers de contenu doivent être utilisées avec beaucoup de précautions (5).

Le deuxième problème est plus précis, et mieux défini. Il n'y a évidemment aucune incertitude quant aux choix des items, puisque ceux-ci sont imposés au départ. Ce qui nous importe, c'est de trouver les relations qui existent entre eux. Dans ce cas, constater qu'il n'est pas possible d'ordonner les sujets (et les items) peut néanmoins être intéressant dans la mesure où ce résultat nous permet d'infirmer une hypothèse précise. Ou encore, constater que tous les sujets répondent de la même manière à deux questions, peut, dans cette perspective, apporter une information intéressante, alors que si on cherchait à discriminer et à ordonner des sujets, une des deux questions serait inutile.

Enfin, si ce qui nous intéresse c'est de pouvoir ordonner des

(5) Guttman lui-même y a récemment renoncé, et recourt maintenant à la notion de « facette » pour résoudre le problème du choix des items. Nous en parlons au Chapitre 5.

sujets selon une certaine variable, sans chercher à obtenir des renseignements précis sur la structure ou la nature de celle-ci, on construira des items qui sembleront devoir constituer une échelle et qui auront un rapport jugé suffisamment clair avec le domaine du point de vue duquel on veut étudier les sujets. Si un pré-test montre que certaines des questions choisies ne forment pas une échelle, on les abandonnera, les modifiera ou les remplacera jusqu'à obtenir une échelle convenable (cf. chapitre 5). Celle-ci permettra d'ordonner les sujets et on disposera de toutes les techniques de la statistique ordinale pour vérifier des hypothèses sur la population, calculer des corrélations avec d'autres variables, etc... Puisqu'on n'aura retenu que les questions qui s'ordonnent, on ne peut rien conclure sur l'unidimensionnalité du domaine étudié. Tout ce qu'on pourra dire, c'est qu'il a été possible de trouver des questions ordonnées se rapportant au domaine étudié. On risque évidemment de ne conserver ainsi que des items dont le point commun est autre que celui qu'on avait supposé au départ. On ne peut s'en rendre compte qu'en analysant aussi bien le contenu des items conservés que celui des items rejetés.

Par exemple, on peut utiliser l'analyse hiérarchique pour étudier les exigences des consommateurs vis-à-vis d'un produit. Selon le problème particulier qui se pose, ce qui sera important, ce pourra être de constater l'unidimensionnalité de ces exigences et leur ordre : l'aspect et la qualité du produit, par exemple, formeront une échelle si on ne trouve personne pour qui l'aspect soit important, et pas la qualité, les trois autres combinaisons possibles étant représentées (aspect et qualité importants ; qualité importante, aspect peu important ; qualité et aspect peu importants). On pourra tenir compte de ce résultat si on se pose le problème de modifier le produit de la façon la plus favorable. Mais on peut aussi employer l'échelle ainsi trouvée comme instrument de mesure, pour estimer le degré d'exigence d'individus ou de groupes, les comparer, les mettre en relation avec d'autres données, etc...

Dans les exemples que nous avons donnés jusqu'à présent, les items étaient des questions, et les sujets des individus. La méthode est toutefois susceptible de s'appliquer à d'autres cas. Par exemple, un économiste ou un sociologue étudiant des sociétés à des niveaux de développement inégaux pourra essayer de chercher des caractéristiques de pays ou de régions, telles que tout pays qui présente la caractéristique *n* présente également les précédentes, ce qui permettrait de définir des étapes de développement non ambiguës.

À titre d'illustration, voici quelques exemples d'échelles qui ont été trouvées :

— les différents jugements sur un manuel scolaire [12],
— les symptômes de peur au combat [27, p. 141],
— les différentes formes d'activité militante dans un parti politique [22],
— les différents types de charrues en Corse [6],
— certains aspects du raisonnement par implication [19],
— l'attitude à l'égard d'un émetteur de radio [14],
— l'attitude des ouvriers à l'égard de leur entreprise [23], etc...

En revanche, la possession de certains biens durables (radio, voiture, réfrigérateur, etc...) ne forme pas une échelle : il est possible d'avoir un de ces objets sans en avoir nécessairement un autre [5]. Dans cette perspective, le « niveau de vie » ainsi défini, n'apparaît pas comme unidimensionnel.

3 — TECHNIQUES D'ANALYSE HIÉRARCHIQUE

3.1 — *PRINCIPES DE L'ANALYSE*

Dans le chapitre précédent, nous avons défini et décrit l'échelle parfaite, et essayé de cerner sa signification psychologique ; nous l'avons fait sans références empiriques, c'est-à-dire sans affirmer que ce modèle décrit nécessairement de façon satisfaisante des données réelles. Bien qu'il apparaisse comme très vraisemblable, il est très peu probable que nous trouvions facilement un ensemble de réponses qui le vérifie exactement ; même en choisissant des questions pour lesquelles la hiérarchie est évidente, et semble nécessaire, il faut toujours s'attendre à trouver un certain nombre de réponses aberrantes, dues au manque de cohérence des sujets, aux difficultés de compréhension, etc... ; or, le *modèle de Guttman*, tel que nous l'avons décrit, *est strictement déterministe* : il ne peut donc pas rendre compte des écarts qu'on pourrait observer, comme le ferait un modèle probabiliste. Le problème de la vérification de l'ajustement du modèle à des données empiriques exige donc le recours à des critères extérieurs, qui ne font pas partie du modèle lui-même. C'est la raison pour laquelle plusieurs techniques différentes ont été proposées, sans que l'une d'elles s'impose définitivement.

Tous les procédés de vérification proposés jusqu'à présent procèdent en principe selon les étapes suivantes :

1. On choisit une échelle parfaite qu'on suppose « proche » des données à analyser ; c'est-à-dire que pour chaque rang on définit un patron-type, ces différents patrons formant une échelle parfaite qui servira de référence.

2. On attribue un rang à chaque patron effectivement rencontré dans l'échantillon, donc à chaque sujet (1).

3. Pour chaque sujet, on compte le nombre de réponses qui diffèrent des réponses du patron-type de son rang ; ces réponses constituent, par définition, les « erreurs ».

4. Le nombre d'erreurs est introduit dans un coefficient, pour lequel on a choisi une valeur critique, au-delà ou en-deçà de laquelle on rejettera l'hypothèse qu'on se trouve en présence d'une échelle.

Les différentes techniques proposées diffèrent selon :

— la manière de choisir l'échelle de référence,
— la manière d'attribuer des rangs aux sujets,
— le coefficient choisi.

De plus, elles accordent une plus ou moins grande importance aux tâtonnements.

Nous allons examiner successivement trois de ces méthodes, qui nous semblent particulièrement caractéristiques et importantes, et nous discuterons à leurs propos de problèmes plus généraux.

3.2 — *PRÉSENTATION DE TROIS TECHNIQUES*

Dans la recherche d'une échelle parfaite de référence, on voudrait trouver celle qui minimise les erreurs. On ne connaît actuellement pas d'algorithme permettant d'obtenir une telle échelle. On ne peut qu'essayer de s'en approcher, ce qui est souvent long, exige des tâtonnements, fait intervenir des jugements subjectifs. C'est pourquoi certaines méthodes renoncent à obtenir le minimum d'erreurs, mais cherchent simplement à s'en approcher par une méthode aussi simple

(1) On est ainsi amené à distinguer pour chaque patron, le « rang » et le « score ». Le score est défini par le nombre de réponses « 1 ». Il ne dépend donc pas de la méthode d'analyse choisie. Le rang, lui, représente la position théorique du patron dans l'échelle ; la manière d'affecter un rang à un patron, varie, comme nous le verrons, selon les méthodes. Dans une échelle parfaite, à chaque rang correspond un seul score et inversement.

que possible. Nous examinerons trois de ces techniques, choisies à la fois pour leur importance et parce qu'elles sont représentatives des différentes manières de procéder.

3.2.1. — La méthode de Goodenough [8]

Cette méthode est entièrement déterminée, aussi bien en ce qui concerne l'ordination des sujets que le choix de l'échelle de référence (autrement dit des patrons-types de chaque rang).

Dans une échelle parfaite, l'ordre des sujets est donné par celui de leurs scores, et celui des items par celui de leurs « popularités » (proportion de sujets donnant la réponse « 1 »).

En s'appuyant sur cette propriété, on construit *une échelle parfaite dont les items ont les mêmes popularités que les items de l'échelle empirique.* Cette condition suffit pour définir une échelle parfaite, et une seule. D'autre part, *on ordonne les sujets selon leurs scores.*

Par exemple, on a obtenu les résultats suivants avec 5 items et 10 sujets :

sujets	ITEMS a	b	c	d	e	scores
1	0	1	0	1	0	2
2	1	0	0	1	1	3
3	0	0	0	0	0	0
4	0	1	1	1	1	4
5	0	1	0	1	1	3
6	0	0	1	0	0	1
7	1	1	1	1	1	5
8	1	1	0	1	1	4
9	0	0	1	1	1	3
10	0	0	0	1	1	2

Les popularités des items sont :

a : 0,3
b : 0,5
c : 0,4
d : 0,8
e : 0,7

L'ordre des items est donc *a c b e d* et celui des sujets : 3, 6, 1-10, 9-5-2, 8-4, 7. Il nous faut maintenant décider si ces deux ordres sont compatibles avec l'hypothèse d'une échelle parfaite.

Celle qui est construite à partir des mêmes popularités est :

a	b	c	d	e
0	0	0	0	0
0	0	0	0	0
0	0	0	1	0
0	0	0	1	1
0	0	0	1	1
0	1	0	1	1
0	1	1	1	1
1	1	1	1	1
1	1	1	1	1
1	1	1	1	1

Les patrons-types de chaque score sont les suivants :

a	b	c	d	e	score
0	0	0	0	0	0
0	0	0	1	0	1
0	0	0	1	1	2
0	1	0	1	1	3
0	1	1	1	1	4
1	1	1	1	1	5

On peut maintenant confronter chaque patron réel au patron-type de même score :

	patrons réels						patrons types					
sujets	a	b	c	d	e	scores	a	b	c	d	e	erreurs
1	0	①	0	1	⓪	2	0	0	0	1	1	2
2	①	⓪	0	1	1	3	0	1	0	1	1	2
3	0	0	0	0	0	0	0	0	0	0	0	0
4	0	1	1	1	1	4	0	1	1	1	1	0
5	0	1	0	1	1	3	0	1	0	1	1	0
6	0	0	①	⓪	0	1	0	0	0	1	0	2
7	1	1	1	1	1	5	1	1	1	1	1	0
8	①	1	⓪	1	1	4	0	1	1	1	1	2
9	0	⓪	①	1	1	3	0	1	0	1	1	2
10	0	0	0	1	1	2	0	0	0	1	1	0

On voit qu'il y a 10 erreurs en tout (ce sont les réponses entourées).

Pour disposer d'un critère permettant de juger si ce nombre d'erreurs est trop élevé, Guttman [11] a proposé de calculer le coefficient suivant, dit « coefficient de reproductibilité » :

$$C_r = 1 - \frac{\text{nombre d'erreurs}}{\text{nombre de sujets} \times \text{nombre d'items}} = 1 - \frac{\text{nombre d'erreurs}}{\text{nombre total de réponses}}$$

Il indique la proportion de réponses qu'on peut reproduire, reconstituer, à partir de la seule connaissance des scores des sujets.

Habituellement, on considère qu'un Cr de 0,90 au moins est nécessaire pour accepter l'hypothèse qu'on se trouve en présence d'une échelle.

En comparant chaque patron réel au patron-type de même score, on définit sans ambiguïté le terme de comparaison, ce qui n'est pas le cas, comme nous le verrons, dans d'autres méthodes. Ce faisant, on obtient un nombre d'erreurs élevé, car chaque patron différent du patron-type correspondant comporte nécessairement au moins deux erreurs. Or, on voit facilement que certains patrons réels sont plus proches de patrons-types de scores différents. Par exemple, le patron 0 1 0 1 0 de score 2, est plus proche du patron-type du score 1 (0 0 0 1 0) que de celui du score 2 (0 0 0 1 1).

L'échelle parfaite de référence, dans la méthode de Goodenough, n'est donc pas l'échelle la plus « proche » des données expérimentales, c'est-à-dire qu'il est possible de trouver une échelle par rapport à laquelle le nombre d'erreurs soit plus fort.

Attribuer à chaque sujet le rang de son score présente l'inconvénient d'augmenter considérablement le nombre d'erreurs ; mais en même temps, cela simplifie de façon appréciable le travail de dépouillement. Lorsque celui-ci se fait par cartes perforées, il y a avantage à disposer d'un système de cotation simple et sans ambiguïté. La plupart des techniques qui tendent à minimiser l'erreur laissent, comme nous le verrons, une certaine latitude quant à l'attribution des rangs.

3.2.2 — Le scalogramme [30]

Cette méthode cherche, elle, à minimiser le nombre d'erreurs. Elle s'approche plus de ce but que la méthode de Goodenough, mais en revanche elle procède par tâtonnements successifs, et comporte une part de choix arbitraires, liés au jugement de celui qui effectue l'analyse.

Le procédé est le suivant : on essaie, par tâtonnement, de construire le parallélogramme du Tableau II, en permutant les lignes et les colonnes jusqu'à ce qu'on obtienne une configuration qui semble la plus régulière possible. On peut aussi, et les deux procédés sont équivalents, ne construire que le triangle du Tableau I.

Lorsqu'on a l'impression qu'aucune nouvelle permutation n'améliorera la configuration, on a obtenu l'ordre cherché des items et des sujets.

On trace alors les limites du parallélogramme (ou du triangle) théorique, qui définit l'échelle parfaite de référence : on comptera tous les « 1 » à l'extérieur du parallélogramme, ou tous les « 0 » à l'intérieur : ce sont les « erreurs ». (Lorsqu'on construit le triangle, on compte comme erreurs aussi bien les « 1 » situés à l'extérieur que les « 0 » à l'intérieur).

Le coefficient de reproductivité se calcule et s'interprète comme précédemment.

Si nous reprenons l'exemple précédent, nous obtenons la configuration suivante, qui paraît acceptable :

	Items				
sujets	c	a	b	e	d
3	0	0	0	0	0
6	0	(1)	0	0	0
1	0	0	(1)	0	1
10	0	0	0	1	1
9	0	(1)	0	1	1
2	(1)	0	0	1	1
5	0	0	1	1	1
8	(1)	0	1	1	1
4	0	1	1	1	1
7	1	1	1	1	1

On obtient ainsi 5 erreurs, avec un coefficient de reproductibilité de 0,90, ce qui est considéré comme la limite inférieure pour qu'on admette l'existence d'une échelle parfaite.

Le procédé appelle plusieurs remarques :

— nous ne disposons pas de critère nous permettant d'affirmer que nous avons obtenu la configuration donnant le moins d'erreurs ;

— l'ordre des sujets et des items n'est pas nécessairement celui des scores et des popularités. Nous sommes donc amenés à distinguer « rang » et « score » ;

— l'ordre trouvé n'est pas strictement déterminé. En effet, il existe d'autres ordres qui donneraient lieu au même nombre d'erreurs. En voici un exemple, obtenu avec les mêmes données :

sujets	c	a	b	e	d
3	0	0	0	0	0
6	1	0	0	0	0
10	0	0	0	1	1
9	1	0	0	1	1
1	0	0	1	0	1
4	1	0	1	1	1
5	0	0	1	1	1
2	0	1	0	1	1
8	0	1	1	1	1
7	1	1	1	1	1

Nous ne disposons d'aucune méthode nous permettant d'adopter l'une des solutions plutôt que l'autre. On ne peut trancher qu'en ayant recours à une analyse de la signification des items. Il a été également proposé d'assimiler chaque patron erroné au plus fréquent des patrons entre lesquels on peut hésiter.

Pratiquement, le travail si fastidieux de tâtonnement est facilité par l'emploi d'un dispositif appelé « scalographe » (1) (*scalogram board*) : chaque sujet est représenté par une lame de plexiglas divisée en autant de segments que le test ou le questionnaire comprend d'items. On inscrit dans chacune de ces cases la réponse du sujet ; les lames constituent ainsi un équivalent des lignes des tableaux que nous avons considérés jusqu'à présent, leur mobilité permettant de les permuter comme on le désire. Lorsqu'on a obtenu de cette manière un ordre des sujets qui semble satisfaisant, on applique sur le tableau ainsi formé de nouvelles lames, semblables aux précédentes, qu'on dispose perpendiculairement à celles-ci. Par transparence, on copie les réponses, et dispose ainsi des items permutables. L'opération qu'on a déjà effectuée sur les sujets peut être répétée sur les items, et ainsi de suite, jusqu'à ce qu'on obtienne une configuration jugée satisfaisante.

(1) Appelé aussi fréquemment « scalogramme ». Nous préférons garder ce dernier terme pour désigner la configuration obtenue.

Pour se guider dans les permutations, on peut s'appuyer sur une propriété évidente des échelles parfaites : lorsqu'on a constitué le triangle, le nombre de « 1 » dans chaque ligne va en croissant, et de même pour les colonnes. On pourra donc commencer par ordonner les sujets et les items selon l'ordre des sommes marginales, et partir de cette configuration pour les tâtonnements.

3.2.3 — La méthode de Green

De nombreuses autres méthodes d'étude des échelles ont été proposées. On en trouvera une liste dans la bibliographie [7, 9, 16, 18, 21].

Nous nous bornerons à en examiner encore une, due à Green [10], qui est très employée et qui présente un double intérêt :

— elle ne laisse aucune place au tâtonnement, mais sans donner un nombre d'erreurs trop élevé comme la méthode de Goodenough ;

— les calculs sont simples et le dépouillement peut être effectué sur cartes perforées.

Comme Goodenough, Green commence par ordonner les items selon leurs popularités et vérifie que le nombre d'erreurs est suffisamment faible.

Mais, plutôt que de compter toutes les « erreurs », ce qui peut être long et parfois présenter des ambiguïtés, on remarque que lorsque les items (représentés par les colonnes) sont ordonnés, certaines configurations d'une ligne, telles que 101, correspondent nécessairement à des erreurs, et ceci quel que soit l'ordre des sujets.

On comptera ainsi le nombre de configurations nécessairement erronées, mais en renonçant à chercher certaines d'entre elles qui sont peu probables.

La technique est la suivante :

1. On ordonne les items selon leurs popularités. Dans la suite, nous donnerons le rang 1 à l'item ayant donné lieu au plus grand nombre de réponses « 1 », et le rang k à celui qui a donné le moins grand nombre.

2. Pour chaque item $g (g = 1 \ldots\ldots k - 1)$ on calcule $n(\overline{g}, g + 1)$ c'est-à-dire le nombre de sujets ayant donné la réponse 0 à l'item

g et la réponse 1 à l'item $g + 1$, autrement dit le nombre de configurations 01.

3. Pour $g = 2 \ldots k - 2$, on calcule $n\,(\overline{g - 1}, \bar{g}, g + 1, g + 2)$ c'est-à-dire le nombre de configurations 0 0 1 1.

4. Selon Green, une estimation du coefficient de reproductibilité est donnée par :

$$C'_r = 1 - \frac{1}{Nk}\sum_{g=1}^{k-1} n\,(\bar{g}, g + 1) - \frac{1}{Nk}\sum_{g=2}^{k-2} n\,(\overline{g - 1}, \bar{g}, g + 1, g + 2)$$

où N est le nombre de sujets et k le nombre d'items.

Les items étant ordonnés par popularités décroissantes, les patrons 01 et 0011 constituent nécessairement des erreurs. On pourrait évidemment aussi calculer le nombre de patrons 000111, mais ceux-ci sont si peu nombreux qu'on peut les négliger sans risque de grosses erreurs.

Une autre estimation du coefficient de reproductibilité peut être obtenue en calculant $n\,(\bar{g}, g + 1)$, $n\,(\bar{g}, g + 2)$, $n\,(\overline{g - 1}, g + 1)$ c'est-à-dire le nombre de patrons 01, comme précédemment, et 0 x 1 (où x est une réponse quelconque).

Le coefficient est estimé par :

$$C''_r = 1 - \frac{1}{Nk}\sum_{g=1}^{k-1} n\,(\bar{g}, g + 1) - \frac{1}{N^2k}\sum_{g=2}^{k-2} n\,(\bar{g}, g + 2)\, n\,(\overline{g - 1}, g + 1)$$

C'_r et C''_r sont de bonnes approximations du coefficient de reproductibilité qu'on obtiendrait en comptant toutes les erreurs.

Il est possible de calculer la valeur moyenne du C_r qu'on obtiendrait si les items étaient totalement indépendants avec les mêmes popularités :

$$Cr_I = 1 - \frac{1}{Nk}\sum_{g=1}^{k-1} n\,(g)\, n\,(\bar{g} + 1) - \frac{1}{N^2k}\sum_{g=2}^{k-2} n\,(\bar{g} - 1)\, n\,(\bar{g})\, n\,(g + 1)$$

Cela permet de calculer un « indice de consistance » (à ne pas confondre avec le « coefficient de consistance » de Moscovici dont nous parlons plus loin).

$$I = \frac{Cr - Cri}{1 - Cri}$$

où C_r peut être C'_r ou C''_r.

Si les items sont complètement indépendants, I sera nul. Si l'échelle est parfaite, il vaudra 1. Green propose d'accepter l'hypothèse qu'on se trouve en présence d'une échelle ou d'une semi-échelle si I $\geqslant$ 0,50.

Cette méthode n'impose pas d'ordre aux sujets. On est donc libre dans le choix des critères d'attribution des rangs. Pratiquement, on ordonne généralement selon les scores.

3.3 — *LES DIFFICULTÉS DE L'ANALYSE STATISTIQUE*

Guttman [11] a proposé de prendre comme valeur critique du coefficient de reproductibilité la valeur 0,9 ; le choix en est purement empirique et la limite de 0,1 n'est en aucune façon un niveau de signification, au sens statistique ; en effet, on n'en connaît pas la distribution d'échantillonnage, et nous verrons plus loin que la définition même de celle-ci présente de grandes difficultés.

L'analyse du cas de deux items nous montrera pourquoi les techniques statistiques habituelles ne s'appliquent pas. Nous pouvons représenter les fréquences des différentes combinaisons de réponses

		a: 1	a: 0
b	1	i	j
	0	0	k

dans un tableau de contingence comme celui du tableau ci-dessous, où *i*, *j*, *k* représentent respectivement les fréquences des patrons 11, 01, 00. Si les deux items constituent une échelle parfaite, une des cases du tableau doit être vide, celle qui correspond à la combinaison 10, si *a* précède *b* dans la hiérarchie. C'est là le critère de l'échelle parfaite. Le problème qui se pose, c'est de savoir à partir de quelle fréquence dans cette case il faut rejeter l'hypothèse que les deux items constituent une échelle.

La fréquence de la case 10 constitue le nombre d'erreurs intervenant dans le calcul du coefficient de reproductibilité. La principale difficulté du point de vue statistique réside dans le fait qu'il n'est pas possible de définir une hypothèse nulle dont le rejet ou l'acceptation nous permettrait d'accepter ou de rejeter l'hypothèse de l'existence d'une échelle. En effet, le calcul d'un χ^2, par exemple, ne correspond pas à ce que nous cherchons : l'hypothèse nulle vérifiée est que les fréquences sont réparties au hasard dans les quatre cases, les sommes marginales restant constantes ; or, si l'acceptation de cette hypothèse est incompatible avec celle de l'existence d'une échelle, celle-ci ne constitue pas la seule hypothèse alternative. Le cas le plus écarté de l'hypothèse nulle est celui où deux cases diagonales sont vides, c'est-à-dire celui où il y a association parfaite entre les deux items.

Le problème se complique encore lorsqu'on a plusieurs items. L'hypothèse à vérifier serait que les erreurs sont « dues au hasard ». En fait, cette hypothèse est composite : il faut premièrement que le nombre d'erreurs soit suffisamment faible (pour pouvoir rejeter l'hypothèse que toutes les réponses sont données au hasard), et deuxièmement qu'elles soient reparties de façon aléatoire. En effet, si un assez grand nombre de sujets commettent les mêmes erreurs, on est en droit de penser qu'il y a là une déviation systématique par rapport à l'échelle parfaite prise comme référence, et que celle-ci, même si elle est majoritaire, ne représente pas la seule structure possible. Par exemple, on pourrait avoir en réalité deux populations : dans chacune d'elles, les items seraient scalables, mais pas dans le même ordre.

Il faut prendre garde, dans l'interprétation du coefficient de productibilité, qu'il représente la proportion de réponses erronées, et non celle des sujets ayant donné des patrons-types, et ceci d autant plus que les erreurs sont mieux réparties sur l'ensemble des sujets. La proportion de sujets ne faisant pas d'erreur est en général faible, et il est facile de voir que lorsque le questionnaire comprend plus

0	0	0	0	1	0	0	0	0	0
0	0	0	1	0	0	0	0	0	1
0	1	0	0	0	0	0	0	1	1
0	0	1	0	0	0	0	1	1	1
0	0	0	0	0	0	1	1	0	1
0	0	0	1	0	1	1	1	1	1
0	0	0	0	1	1	1	0	1	1
1	0	0	1	1	1	1	1	1	1
0	0	1	1	0	1	1	1	1	1
0	1	1	1	1	1	0	1	1	1
1	1	1	1	1	1	1	1	1	0

de 10 items, il est possible d'obtenir une échelle parfaite ($Cr < 0,9$) où aucun sujet ne donne un des patrons-types de l'échelle admise. C'est le cas de l'exemple de la page précédente

3.4 — *CONSISTANCE ET HOMOGÉNÉITÉ*

Lorsque le coefficient de reproductibilité est supérieur à 0,90, on peut s'en satisfaire et admettre qu'on se trouve en présence d'une échelle parfaite, avec des erreurs peu importantes.

En revanche, si la reproductibilité est inférieure à 0,90 mais supérieure à 0,70 environ (cette limite inférieure varie selon les auteurs), on se trouve devant ce qu'on appelle une « quasi-échelle » (*semi-scale*) c'est-à-dire qu'on est loin d'une échelle parfaite, mais qu'on peut néanmoins admettre que les items ont « quelque chose » de commun, qu'ils présentent une certaine homogénéité. Il est donc intéressant de bien préciser en quoi les résultats s'éloignent de ceux qui constitueraient une échelle parfaite.

Or, d'après ce que nous avons précédemment indiqué, la signification d'un même nombre d'erreurs varie selon que celles-ci sont réparties uniformément sur tous les sujets et tous les items, ou au contraire concentrées sur certains d'entre eux.

Pour distinguer les différents cas qui peuvent se présenter, Moscovici [23, 24] propose de calculer, au lieu du coefficient de reproductibilité, deux coefficients dits de « consistance » et « d'homogénéité ».

Ces deux coefficients s'appuient sur des notions provenant de la théorie de l'information, considérant les questions comme une ligne de communication qui transmet de l'information avec des erreurs. Nous n'entrerons pas ici dans ces considérations, et nous nous contenterons d'examiner l'utilisation pratique du procédé.

Le coefficient de consistance ne tient pas compte de la répartition des erreurs selon les sujets : à nombre d'erreurs égal, il sera constant, que toutes les erreurs soient réparties sur la majorité des sujets, ou seulement sur un petit nombre. En revanche, il varie selon que ces erreurs sont réparties sur un grand nombre d'items ou non.

En résumé, le coefficient de consistance dépend :

— du nombre total d'erreurs,
— de leurs répartitions selon les items.

Ainsi, si une échelle a un coefficient de consistance faible, on peut en conclure que certains items se distinguent des autres, ne sont pas cohérents ou « consistants » avec eux, et les éliminer.

Le coefficient d'homogénéité, au contraire, varie en fonction de la répartition des erreurs selon les sujets. Il représente donc l'homogénéité de la population. Il permet de distinguer le cas où on est en présence d'une seule population, les différents items ne formant pas une échelle, du cas où la population est divisée en groupe réagissant de manières différentes aux questions posées (par exemple il est possible que l'ordre des items ne soit pas de même pour tous les sujets étudiés).

Le coefficient de consistance est donné par :

$$C = 1 - \frac{Er}{Ir}$$

Ir est l'information totale transmise par l'échelle et Er l'information « erronée ». (La méthode suppose qu'on a décidé, par ailleurs, d'une définition des erreurs).

Les formules sont les suivantes :

$$Ir = \frac{1}{Nk}\left(-\sum_k n_{k+} \log_2 n_{k+} - \sum_k n_{k-} \log_2 n_{k-} + Nk \log_2 N\right)$$

$$Er = \frac{1}{Nk}\left[-\sum_k n_{k+} \log_2 n_{k+} - \sum_k n_{k-} \log_2 n_{k-} + K\,(N \log_2 N)\right]$$

où N est le nombre de sujets,
k le nombre d'items,
n_{k+} le nombre de réponses « correctes » à l'item k,
n_{k-} le nombre d'erreurs à l'item k.

Ce coefficient a les propriétés suivantes :

— il vaut 1 quand l'échelle est parfaite,
— il décroît lorsque le nombre d'erreurs croît, comme le coefficient de reproductibilité, auquel il peut éventuellement se substituer,
— il ne dépend pas de la répartition des erreurs selon les sujets,
— à nombre d'erreurs égal, il varie en fonction du nombre d'erreurs par item.

Quant au coefficient d'homogénéité, on peut l'écrire sous la forme :

$$\mathrm{C}h = 1 - \frac{\sum_i n_{ij} \log_2 \sum_j n_{ij}}{\sum_i \sum_j n_{ij} \quad \log_2 n_{ji}}$$

où n_{ij} représente le nombre de sujets ayant obtenu le rang i avec le patron j.

Lorsque chaque rang n'est obtenu que par un seul patron, ce qui est une condition nécessaire pour que l'échelle soit parfaite, le numérateur et le dénominateur sont égaux et C*h* vaut 0.

Le coefficient varie selon :

— le nombre de sujets ayant donné des erreurs,
— le nombre de patrons différents correspondant au même rang.

Les deux coefficients permettent donc de tenir compte de la localisation des erreurs, et pas seulement de leur nombre.

On définit ainsi clairement la notion d'homogénéité de la population. Il faut toutefois prendre garde que cela ne recouvre pas totalement la notion intuitive. En effet, une échelle parfaite peut être compatible avec une certaine notion d'hétérogénéité, si on considère que seuls forment un groupe homogène les sujets qui donnent le même patron. Ou bien, si la distribution des fréquences des sujets le long de l'échelle est bimodale, comme dans la figure 3.1, on admet-

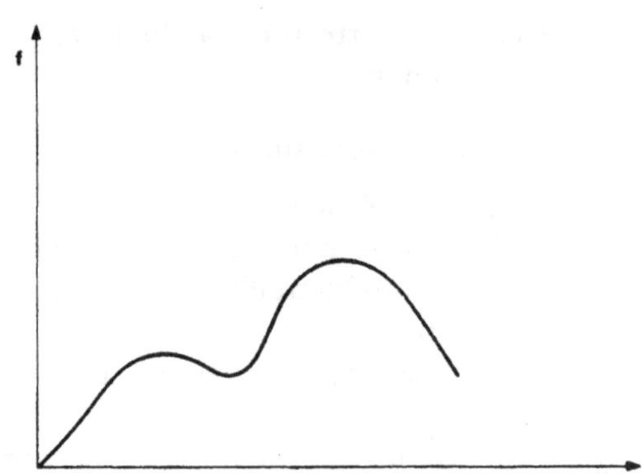

FIG. 3-1

tra que la population est formée de deux sous-populations, bien que toutes deux acceptent le même ordre des items. Ce n'est pas la même hétérogénéité que lorsqu'on admet l'existence de groupes pour lesquels les ordres des items sont différents.

3.5 — *CARACTÉRISTIQUES D'UNE ÉCHELLE VALABLE*

Nous avons vu que, pour accepter l'hypothèse de l'existence d'une échelle, il faut vérifier que le nombre d'erreurs est suffisamment faible, au moyen du coefficient de reproductibilité, et qu'elles ne sont pas concentrées sur certains items ou certains sujets.

Il faut encore, en pratique, prendre garde à certaines caractéristiques qui risquent d'élever artificiellement la valeur du coefficient de reproductibilité.

On remarquera d'abord que les items ayant des popularités (proportion de réponses « 1 ») voisines de 0 ou de 1 ne comprennent nécessairement qu'un petit nombre d'erreurs et peuvent ainsi donner l'illusion d'une échelle acceptable, même si les autres items donnent lieu à des erreurs nombreuses. Comme ils ne sont d'autre part pas discriminatifs, il y aura intérêt à ne pas les conserver, et à limiter l'échelle aux items ayant des popularités comprises entre 0,10 et 0,90.

De la même façon, il faut tenir compte du fait que les deux scores extrêmes ne peuvent être obtenus que d'une seule manière, ils ne peuvent pas donner lieu à des erreurs. Il n'est évidemment pas possible d'exclure ces sujets, puisque rien ne s'oppose, en principe, à l'existence de sujets extrêmes dans l'échantillon, mais on pourra ne pas en tenir compte dans le calcul du Cr.

Enfin, il est possible que les coefficients de reproductibilité et de concordance soient acceptables, mais que la majorité des erreurs soit néanmoins concentrée sur un item. Pour le déceler, on pourra calculer un « coefficient de reproductibilité par item » :

$$Cr_i = 1 - \frac{\text{nombre d'erreurs à l'item } i}{\text{nombre de sujets}}$$

On éliminera les items ayant un Cr_i inférieur à 0,85, qui est la limite généralement admise.

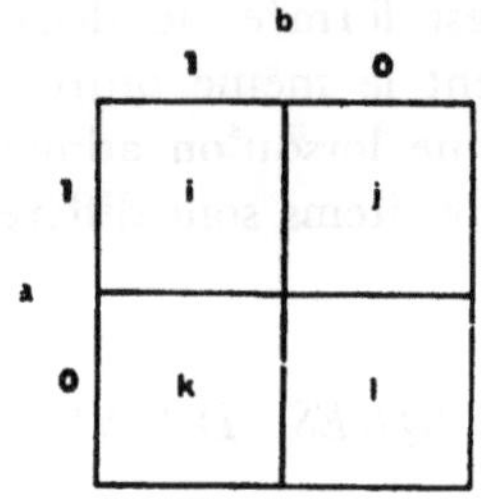

Une autre exigence porte sur le pouvoir discriminant des items : si les popularités de deux items sont proches, il est possible que leur différence soit due uniquement aux erreurs. Si on appliquait l'échelle à un autre échantillon, on trouverait peut-être un autre ordre entre les deux items en question. Il est donc nécessaire que les popularités soient suffisamment différentes. Pour les vérifier, considérons le tableau ci-contre où i, j, k et l représentent respectivement les fréquences des patrons, 11, 10, 01, 00. Si on a $a < b$ dans l'échelle, cela signifie que, en principe, le patron 01 est absent, donc que $j = 0$. Si $b < a$ on aura $k = 0$. Le plus souvent, ces valeurs ne sont pas nulles, mais faibles. Une condition nécessaire pour que $a < b$, c'est que j soit significativement inférieur à k, ce qu'on vérifiera par un test de χ^2. Si cette différence n'est pas significative, on devra admettre que ce n'est que par hasard que les popularités des deux items étaient différentes, et on en éliminera un, celui qui donne lieu au plus grand nombre d'erreurs.

Une différence significative ne nous indique pas que les deux items forment une échelle : il faudrait pour cela vérifier que j ne diffère pas significativement de 0, hypothèse pour laquelle on ne dispose pas de test statistique. La condition dont nous venons de parler est nécessaire, mais non suffisante pour admettre que deux items forment une échelle.

Tous ces critères d'une bonne échelle sont rarement satisfaits, et relèvent souvent plus du tour de main que d'une technique précise. Il est rare qu'on les vérifie scrupuleusement tous, mais il est important de les connaître, pour éviter certains pièges.

En résumé, nous voyons qu'une échelle, pour être acceptable, devrait présenter des caractéristiques suivantes :

— le nombre total d'erreurs doit être faible (coefficient de reproductibilité supérieur à 0,9),

— les erreurs doivent être réparties sur l'ensemble des sujets et des items (coefficients de consistance proche de 1 et d'homogénéité proche de 0, coefficient de reproductibilité par item supérieur à 0,85 pour chaque item),

— les popularités des items doivent être suffisamment différentes (différence entre les fréquences des patrons 01 et 10 significatives, testée au moyen d'un test de χ^2).

4 – ÉCHELLES AVEC PLUSIEURS CATÉGORIES DE RÉPONSES

Dans tout ce que nous avons vu jusqu'à présent, nous avons supposé que chaque sujet n'avait le choix qu'entre deux réponses possibles : oui ou non, d'accord ou pas d'accord, juste ou faux, etc... Cette manière de procéder présente plusieurs défauts :

— on met le sujet mal à l'aise ; il voudrait nuancer sa réponse et a l'impression qu'on veut le forcer à prendre artificiellement position,
— le domaine étudié et les questions posées peuvent être tels que l'expérimentateur lui-même désire une discrimination plus fine des individus.

Pour pallier ces inconvénients, on peut proposer au sujet de choisir entre plusieurs réponses ordonnées, qu'on aura choisies de manière à recouvrir l'ensemble de l'étendue de la variable. Par exemple, si la question porte sur la fréquence d'un comportement, les réponses proposées pourront être :

— toujours,
— très souvent,
— assez souvent,
— rarement,
— jamais.

Il faut évidemment que l'ordre *a priori* de ces réponses ne soit pas ambigu, qu'il soit bien le même pour tous les sujets. Par exemple, les réponses « fréquemment » et « souvent » n'ont certainement pas le même ordre chez tout le monde. Toutefois, cette difficulté est relativement facile à éliminer par un test préliminaire des réponses proposées.

De plus, il est nécessaire de s'assurer que les termes proposés ont bien le même sens pour tous, c'est-à-dire que, pour reprendre l'exemple précédent, tous les sujets qui répondent « rarement » se réfèrent bien en gros à la même zone de fréquences. Lorsqu'il se révèle que les réponses données sont « scalables », on peut admettre que l'ambiguïté était faible ; en effet, pour qu'un sujet donne des réponses compatibles avec le schéma général de l'échelle, tout en interprétant les réponses différemment de la majorité des sujets, il faut qu'il s'écarte de l'interprétation générale de façon très cohérente. Par exemple, s'il surestime la fréquence correspondant à « rarement », ses réponses ne formeront un patron d'échelle que s'il déforme dans le même sens les réponses aux autres items. Le risque en est faible si les autres questions (et réponses) sont libellées de façons très différentes.

Lorsque l'introduction de plusieurs catégories de réponses a uniquement pour but de faciliter la tâche du sujet, on regroupe généralement les réponses au moment du dépouillement, pour se ramener au cas de deux catégories, et appliquer les techniques que nous avons examinées.

Ce regroupement pose des problèmes. Dans l'exemple ci-dessus, séparera-t-on ceux qui disent présenter le comportement étudié de façon relativement fréquente, de ceux qui ne le présentent que peu ou pas, ce qui donnerait :

1 : toujours, très souvent, assez souvent,
0 : rarement, jamais.

Ou au contraire prendra-t-on comme critère la présence ou l'absence du comportement étudié :

1 : toujours, très souvent, assez souvent, rarement,
0 : jamais?

Il ne semble pas qu'on puisse donner une règle précise. Pratiquement, on ne décide souvent du regroupement qu'en présence des résultats, et s'appuie en gros sur deux principes, en plus de l'analyse de la signification des réponses :

— faire en sorte que chacune des catégories contienne une proportion suffisante de sujets. Par exemple, on évitera les coupures 90 : 10,

— choisir le regroupement qui donne la meilleure échelle.

Lorsqu'au contraire, l'expérimentateur désire conserver et interpréter l'informartion apportée par les différentes réponses, il devient nécessaire de généraliser les méthodes applicables à deux catégories, que nous avons examinées au chapitre précédent.

Revenons à la présentation des items au moyen de caractéristiques, c'est-à-dire de courbes donnant la probabilité de réponse (dans le modèle considéré ici, ces probabilités ne peuvent être que 0 et 1) en fonction de la variable sous-jacente.

On peut considérer chacune des réponses proposées par un item comme correspondant à une question non monotone, avec deux catégories de réponses. Les caractéristiques des différentes réponses à un même item sont représentées dans la figure 4-1 (le graphique est en fait la superposition des caractéristiques des cinq réponses) :

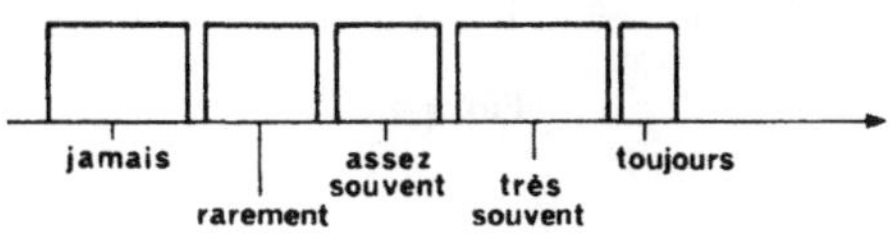

FIG. 4-1

Ainsi, contrairement à un item monotone avec deux catégories de réponses, qui pouvait être représenté par un point sur l'axe de la variable sous-jacente, un item avec plus de deux réponses est représenté par plusieurs points qui correspondent non aux réponses, mais aux coupures entre les réponses.

Les problèmes qui se posent sont alors :

— ordonner les sujets, comme précédemment,
— ordonner les réponses aux différents items et non plus les items eux-mêmes.

On admettra que les items constituent une échelle s'il est possible de trouver un ordre sur l'ensemble des réponses qui rende compte de tous les patrons observés.

Comme dans le cas d'items dichotomiques, seuls certains patrons de réponses sont compatibles avec l'unidimensionnalité. La figure 4-2 en donne un exemple, avec 3 items, de 4 réponses chacun. (Nous adoptons la notation la plus courante, et appelons 0,1, 2,3 les réponses. Ces valeurs doivent être prises dans un sens strictement ordinal et sans qu'elles indiquent de relations entre des réponses à des items différents. La réponse « 2 » à un item n'est pas nécessairement supérieure à la réponse « 1 » à un autre). Les trois items déterminent, dans ce cas, 9 coupures (c'est le maximum possible) et 10 catégories de sujets, distinctes et ordonnées, caractérisées par les patrons de réponses suivants :

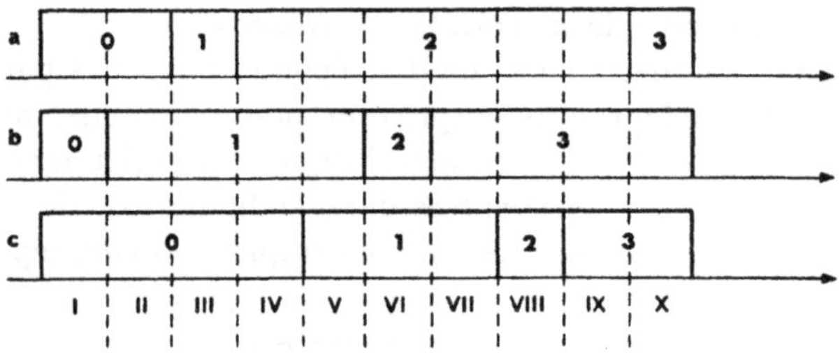

Fig. 4-2

	a	b	c
I	0	0	0
II	0	1	0
III	1	1	0
IV	2	1	0
V	2	1	1
VI	2	2	1
VII	2	3	1
VIII	2	3	2
IX	2	3	3
X	3	3	3

Ces patrons forment une échelle ; en effet, on peut les ordonner de telle sorte que *toutes les réponses d'un patron soient égales ou supérieures aux réponses correspondantes du patron précédent.* C'est là le critère de l'unidimensionnalité. En d'autres termes, la réponse à un item doit être une fonction monotone de la réponse à tout autre item.

Il est courant de donner un « score » à chaque sujet (ou à chaque patron de l'échelle) en faisant la somme des valeurs correspondant aux réponses données. Ainsi : dans l'exemple précédent, le score du patron 2 2 1 serait 5. Cette manière de faire masque le fait que les nombres attribués aux réponses sont arbitraires et n'ont qu'une valeur ordinale. Toutefois, cela n'introduit pas d'erreur, si on se borne à interpréter l'ordre de ces scores totaux, et non leurs valeurs numériques. En effet, puisque chaque patron de l'échelle parfaite est supérieur au précédent par au moins une réponse, qu'il ne peut pas comprendre de réponses inférieures, et que, par conséquent, à chaque score total correspond un seul patron, l'ordre des scores sera celui des patrons, et réciproquement. En revanche, les différences entre scores ne sont pas interprétables.

Pratiquement l'analyse hiérarchique s'effectue comme dans le cas d'items dichotomiques ; on définit, le plus souvent par tâtonnement, un patron-type pour chaque score total, ces patrons formant une échelle, et on compte le nombre d'erreurs, qu'on introduit dans un coefficient de reproductibilité.

A notre connaissance, aucune des méthodes proposées ne tient compte d'un « degré d'erreur », c'est-à-dire qu'une réponse « 0 » donnée à la place d'une réponse « 3 » n'est pas considérée comme plus « fausse » qu'une réponse « 2 ».

Si on emploie un scalographe, on cherchera à obtenir des configurations comme celles de la figure 4-3, qui correspond à l'exemple précédent, p. 54 :

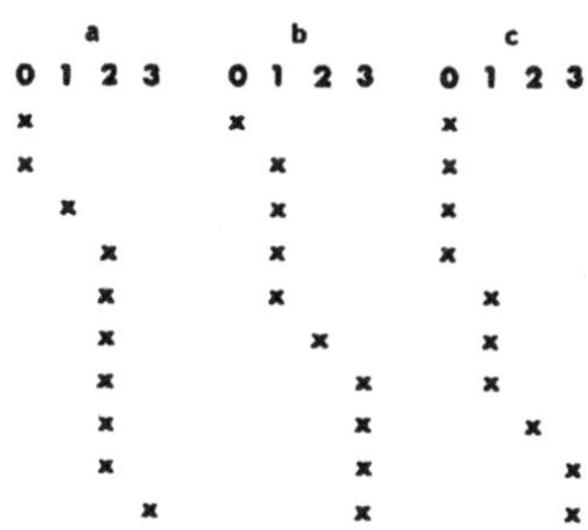

Fig. 4-3

On emploiera évidemment une lame par réponse, et non par item.

L'ordre des réponses proposées est donc, dans ce cas :

*b*1, *a*1, *a*2, *c*1, *b*2, *b*3, *c*2, *c*3, *a*3.

On voit que, dans le scalogramme, la courbe des réponses pour chaque item d'une échelle parfaite ne revient jamais en arrière. Si cela se produisait, ce serait le signe de l'existence d'un patron aberrant par rapport à l'échelle.

Nous avons vu que, dans le cas d'items dichotomiques, l'analyse hiérarchique pouvait aussi bien être utilisée pour étudier les sujets que les items. La technique que nous venons d'exposer ne sert guère, elle, qu'à ordonner les sujets, et ne nous apporte que peu d'information utile sur les items eux-mêmes. En effet, nous n'obtenons finalement qu'un ordre des réponses, ordre qu'il est en général difficile d'interpréter, car on ne peut pas distinguer ce qui est attribuable à la question elle-même, ou à la réponse proposée. Celle-ci n'a le plus souvent pas été choisie pour son intérêt propre, mais parce qu'elle semblait commode, bien comprise et qu'on pensait qu'elle donnerait une bonne échelle.

5 – LA CONSTRUCTION D'ÉCHELLES CUMULATIVES

Dans tout ce qui précède, nous n'avons fait qu'effleurer le problème du choix des items qui constituent notre échelle.

Il n'existe actuellement aucune technique générale pour résoudre ce problème. Tout ce qu'on peut faire, c'est partir d'un nombre suffisamment grand d'items choisis plus ou moins arbitrairement, et dont on suppose, pour des raisons quelconques, qu'ils pourront constituer une bonne échelle, utile pour le but poursuivi. On effectuera alors un pré-test, et si les résultats révèlent que, selon le critère adopté, on n'est pas en présence d'une échelle, on cherchera à se fonder sur eux pour améliorer le questionnaire.

Les résultats du pré-test peuvent être exploités de deux façons :

— on distinguera, parmi les items testés, ceux qui forment déjà une échelle, et qui pourront donc être conservés,

— on s'appuiera sur les réponses aux autres items pour les modifier ou en construire de nouveaux.

5.1 — *LA RECHERCHE DES ITEMS FORMANT UNE ÉCHELLE*

Nous avons vu (chapitre 3.5) que, pour pouvoir faire partie d'une échelle utilisable les items doivent avoir des popularités suffisamment espacées, et pas trop proches de 0 ou de 1. Ces conditions étant nécessaires, bien que non suffisantes, elles peuvent servir à éliminer des items inutiles. Il reste évidemment à conserver, parmi ceux qui restent, ceux qui constituent une bonne échelle.

Loevinger [18] a proposé un coefficient qui peut être employé pour simplifier la recherche d'items qui « scalent » l'indice d'homogénéité (à ne pas confondre avec le coefficient d'homogénéité de Moscovici dont nous avons parlé page 38) qui peut être calculé pour des paires d'items. Il est donné par :

$$H_{ij} = \frac{\frac{p_{ij}}{p_j} - p_i}{1 - p_i}$$

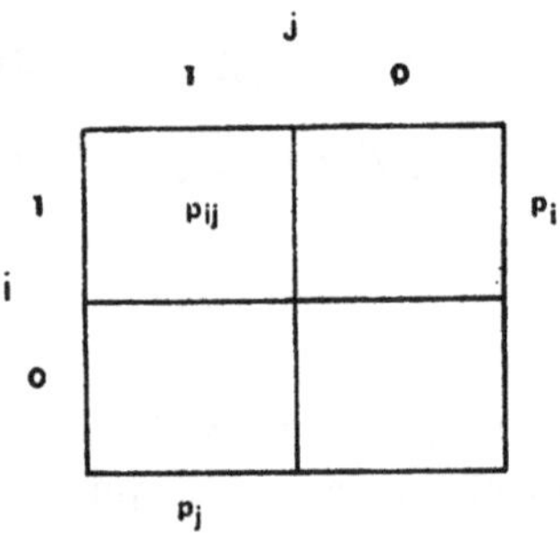

où i et j désignent deux items quelconques tels que : $p_i \leqslant p_i$ (p_j = popularité de l'item i). p_{ij} représente la fraction de sujets qui donnent la réponse « 1 » aux deux items. Si i et j forment une échelle parfaite, la case 01 est vide, ce qui entraîne que $p_{ij} = p_j$, et $H_{ij} = 1$. Cet indice peut être étendu à un nombre quelconque d'items en faisant la moyenne pondérée des indices pour les items pris deux à deux :

$$H_t = \frac{\sum_{i>j} p_j(1 - p_i)\, H_{ij}}{\sum_{i>j} p_j\,(1 - p_i)}$$

On peut utiliser cet indice de la façon suivante. On commence par calculer H_{ij} pour toutes les paires d'items, et choisit l'item intervenant dans le plus de H_{ij} élevés. Très vraisemblablement c'est un item qui « scalera » avec un grand nombre d'autres, et il fera probablement partie d'une échelle satisfaisante. C'est lui qui constituera notre point de départ. On lui adjoint un autre item qui donnera vraisemblablement une bonne échelle, puis un troisième, et ainsi de suite de proche en proche, calculant chaque fois l'indice d'homogénéité global H_t des items retenus. En se guidant sur les valeurs des H_{ij}, on essaie ainsi des combinaisons vraisemblables, et conserve celle qui donne le H_t le plus élevé. La prise en considération des H_{ij} permet de ne pas essayer toutes les combinaisons d'items possibles, ce qui serait trop long.

Cette méthode accorde une certaine place aux tâtonnements. Il est toutefois possible de systématiser l'exploration des différentes possibilités et, à partir de telles règles, programmer un ordinateur qui effectuera les essais et calculera les valeurs de H_i. N'ayant pas exploré toutes les possibilités, on n'est pas, en principe assuré d'obtenir nécessairement la meilleure échelle possible, mais il est probable que la différence entre celle-ci et l'échelle choisie ne serait pas grande. On peut d'ailleurs, par acquit de conscience, recommencer l'analyse en prenant d'autres items de départ.

5.2 — *LA CONSTRUCTION DE NOUVEAUX ITEMS*

Lorsqu'on travaille avec des items admettant plusieurs catégories de réponses, la reproductibilité de l'échelle peut souvent être améliorée par un regroupement adéquat. En se ramenant de cette manière à des items dichotomiques, on diminue la dispersion des résultats et augmente les chances de faire apparaître une structure. Il arrive que la signification des réponses impose le regroupement. Lorsque ce n'est pas le cas on choisira les dichotomies qui donnent la meilleure échelle. Le caractère arbitraire de cette manière de procéder ne présente pas trop d'inconvénients lorsqu'on ne cherche qu'à obtenir un instrument de mesure : on perd simplement certaines distinctions faites par les sujets.

Stouffer et ses collaborateurs [28] proposent d'aller plus loin dans le regroupement. Puisque le problème est de trouver un certain nombre de coupures divisant la population en groupes ordonnés, rien n'exige que chacune de ces coupures soit déterminée au moyen d'un item seulement. On pourra en utiliser plusieurs, et combiner leurs réponses de la façon la plus commode. Par exemple, on pourra remplacer deux items avec 4 catégories de réponses chacun par un item dichotomique, en attribuant la note « 1 » à ce nouvel item à tous les sujets qui ont donné au moins une réponse 2 ou 3 à un des items, et la note « 0 » aux autres. Ou encore on pourra distinguer les sujets ayant donné 1, 2 ou 3 à un item et 2, ou 3 au deuxième, et en faire une des catégories cherchées, etc.

Cette méthode appelée par ses auteurs la « technique H », est très souple, et laisse une très grande liberté dans le choix des items combinés qui seront finalement pris en considération. Elle permet de constituer de bonnes échelles, mais exige un travail très long, puisqu'il faut considérer toutes les combinaisons possibles. La méthode n'en est pas moins précieuse lorsque l'échelle se révèle mauvaise, et qu'on peut se contenter d'un petit nombre de coupures.

5.3 — *LA THÉORIE DES FACETTES*

Nous avons vu que Guttman propose de constituer un échantillon représentatif de l'univers de contenu étudié. Cette notion se heurte à de nombreuses difficultés qui proviennent aussi bien de la difficulté à définir l'univers en question que la notion même d'échantillon représentatif. Comme on n'effectue pas de véritable test statistique sur cet échantillon, on peut ne pas le constituer de façon aléatoire, mais le construire systématiquement. C'est à cela que vise la théorie des « facettes », récemment développée par Guttman [15]. Cette théorie présente un intérêt plus général que la construction d'items ; nous nous bornerons toutefois à examiner cet aspect qui seul intéresse directement notre sujet.

La démarche proposée par Guttman est la suivante : ayant, par une analyse *a priori* dégagé un certain nombre de variables (qui peuvent être simplement qualitatives) ou « facettes », on combine toutes les valeurs possibles de ces variables, et pose des questions sur toutes les combinaisons. De cette manière, on serait assuré de disposer d'un échantillon vraiment représentatif de l'univers étudié.

Prenons comme exemple l'attitude vis-à-vis d'une certaine marque d'un produit de consommation courante. On peut essayer, par tâtonnements, de trouver un certain nombre de questions se rapportant à la marque considérée, et dont on a des raisons de penser qu'elles forment une échelle ; ce que propose la théorie des facettes, c'est de pousser plus loin l'analyse *a priori* de l'univers étudié.

L'univers « attitude envers la marque A » peut se décomposer en plusieurs sous-univers, se rapportant chacun à un comportement relatif à cette marque, comme par exemple :

— la fréquence d'achat,

— l'augmentation de prix qu'on est disposé à accepter sans cesser d'acheter,

— la distance qu'on est disposé à parcourir pour se la procurer,

— la nature des alternatives auxquelles on la préférera,

— les conditions dans lesquelles on la recommandera, etc.

Certains de ces sous-univers, comme la fréquence, le prix, la distance à parcourir, donnent immédiatement un ordre sur les sujets. On pourra éventuellement les utiliser comme instruments de mesure; admettant, par exemple, que celui qui est disposé à payer le produit 50 Frs plus cher a une attitude plus favorable que celui qui l'abandonnerait si l'augmentation dépassait 20 Frs. Mais le prix n'est qu'un aspect du produit et la réaction à une augmentation dépend évidemment de la fortune du sujet. Elle constitue un indice de l'attitude, mais n'est probablement pas suffisante. Pour mieux étudier la structure de l'attachement à la marque considérée, on considérera les différentes facettes, en posant des questions de la forme :

— « Accepteriez-vous de faire *n* mètres de plus pour acheter la marque A à *y* Frs, si vous trouvez sur place la marque B ? »

n, *y* et B pouvant prendre toutes les valeurs utiles pour l'analyse.

On aura ainsi une vue d'ensemble du problème, et si l'ensemble des questions, ou une partie d'entre elles constitue une échelle, on aura obtenu un ordre qui peut être important sur certaines facettes. Par exemple, on pourra trouver que, pour une certaine marque, le prix est en général plus important que la distance à parcourir, donc c'est probablement un produit pour lequel on n'accepte pas facilement de faire une dépense.

Malheureusement, dès que l'univers étudié devient un peu complexe, cette méthode, qui exige qu'on soit exhaustif, nécessite un grand nombre de questions. On peut en supprimer certaines, qui ne constituent que des confirmations d'autres. Par exemple, si un sujet déclare que, dans certaines conditions, il continuera à acheter la marque même si son prix augmente de 50 Frs, il sera utile de lui demander si, dans les mêmes conditions, il restera fidèle lors d'une augmentation de 20 Frs seulement. Mais malgré cela le nombre de questions restera peut-être grand.

Cette technique peut aussi permettre de dégager des types. Par exemple, on distinguera ceux pour qui la distance est plus importante que le prix de ceux pour qui c'est l'inverse, ou qui sont différents.

Il n'a été publié jusqu'à présent qu'un très petit nombre de travaux utilisant cette méthode d'analyse ; il est donc difficile de l'évaluer. Elle présente en tout cas le mérite d'attirer l'attention sur la complexité des univers étudiés, et sur la signification des dimensions qui les constituent.

6 — LES COMPOSANTES PRINCIPALES DES ATTITUDES

6.1 — *LE PROBLÈME DE LA MÉTRIQUE*

L'échelle obtenue à la suite d'une analyse hiérarchique, telle que nous l'avons décrite, est strictement ordinale, c'est-à-dire qu'elle ne comprend pas d'origine, et que la distance entre deux items ou deux sujets n'est pas définie.

Une métrique peut être introduite par la connaissance des fréquences de sujets donnant chaque patron de réponse. On admettra que la « distance » entre deux items est proportionnelle au pourcentage de sujets situés entre eux.

Ainsi, si on a les pourcentage suivants :

a	b	c	
0	0	0	10 %
1	0	0	30 %
1	1	0	40 %
1	1	1	20 %

On pourra représenter les items de la manière indiquée dans la figure 6.1. C'est la « métrique des centiles » (« *percentile metric* »), qui est assez souvent employée.

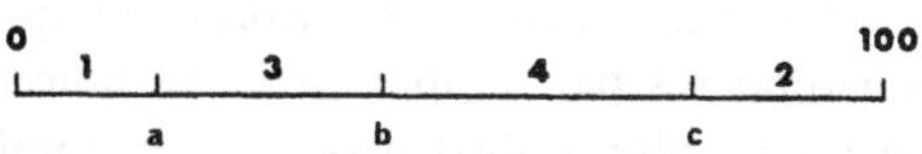

FIG. 6-1

Elle présente l'avantage d'être facilement manipulable, et apparaît comme raisonnable. En effet, on peut facilement accepter que plus le nombre de sujets qui distinguent deux items est élevé, plus ces items sont « distants ». Deux items qu'aucun sujet ne distingue sont considérés comme identiques.

Il faut remarquer que l'introduction de cette métrique revient à postuler une répartition uniforme des sujets sur toute l'étendue de la variable. On peut aussi, dans la même optique, postuler une distribution gaussienne, et calculer les distances à partir de là.

Le recours à ce genre de métrique pose des problèmes lorsqu'on n'a pas une échelle parfaite, mais une semi-échelle, ce qui est très souvent le cas.

Guttman [13, 14] a posé le problème de façon différente, plus compliquée, mais qui amène à des résultats très riches. Nous n'entrerons pas ici dans le détail de la justification mathématique, dont on trouvera un bon exposé dans [33, p. 338]. Nous nous bornerons à en donner le principe.

Le critère choisi pour une « bonne » métrique est le suivant : il faut que l'échelle, une fois « métrisée », distingue le plus possible les sujets ayant donné des réponses différentes.

Étant donné une série d'items, avec plusieurs catégories de réponses, on attribue à chaque réponse un « poids » tel que les réponses données par les mêmes sujets aient les poids les plus proches possibles les uns des autres, et les plus différents possibles des poids des réponses données par les autres sujets. En d'autres termes, les réponses appartenant à un même patron de l'échelle (ou de la semi-échelle) doivent avoir des poids plus proches que les réponses appartenant à d'autres patrons. Si chaque réponse n'appartenait qu'à un seul patron, le problème serait trivial. Comme cela ne peut pratiquement pas se produire, il faut recourir à un procédé statistique : si on considère l'ensemble des scores attribués, il faut que la variance inter-sujets soit la plus grande possible par rapport à la variance totale.

Le score de chaque sujet sera la moyenne des poids de chacune des réponses qu'il aura données.

Les scores ainsi calculés constituent une solution au problème symétrique du précédent : trouver des scores tels qu'ils maximisent la variance inter-réponses par rapport à la variance totale.

La solution du problème ainsi posé n'est pas unique mais qu'il y en a $n - r + 1$ (où n est le nombre d'items et r le nombre total de réponses pour tous les items) : ce sont les « composantes principales » de l'échelle.

La première composante est une fonction monotone des rangs (ou de la « métrique des centiles »). C'est elle qui constitue la « bonne » métrique recherchée.

Guttman a cherché à donner des interprétations des autres composantes principales partant, semble-t-il, de l'hypothèse qu'à une réalité mathématique doit correspondre une réalité psychologique.

Effectivement, Guttman et ses collaborateurs ont pu associer, mais cette fois empiriquement, à chaque échelle, des courbes qui ont l'allure générale des deuxième, troisième et quatrième composantes. Celles-ci peuvent donc être étudiées pour elles-mêmes, indépendamment de la théorie mathématique sous-jacente.

Paradoxalement, la métrique dont la recherche est à l'origine de cette analyse, n'est presque jamais utilisée. Pratiquement, on se contente des centiles, des rangs ou même de coupure plus grossières. En revanche, les autres composantes se révèlent utiles.

La deuxième composante présente un minimum ; elle a été interprétée comme « l'intensité » de l'attitude.

La troisième composante, qui a un maximum et un minimum peut représenter le « degré de décision » (« *closure* ».)

Enfin, la quatrième composante principale, qui a trois *extrema*, a pu être interprétée comme le « degré de préoccupation » (« *involution* »).

Une fois ces interprétations dégagées, il n'est plus nécessaire de déterminer ces composantes principales par calcul. Puisqu'elles ont une signification concrète, on peut, en principe, les déterminer empiriquement.

Un des intérêts des composantes principales, c'est que leur connaissance permet de déterminer, sur l'étude de la variable étudiée, des coupures significatives, susceptibles d'interprétations intéressantes. En outre, si on retrouve les courbes prévues, et qu'aurait données le calcul, on sait qu'on se trouve dans un domaine où une certaine théorie des attitudes est valable. Dans ce qui suit, nous allons essayer d'expliciter cette théorie.

6.2 — *LA DEUXIÈME COMPOSANTE : L'INTENSITÉ*

6.2.1 — Le problème du zéro

L'utilisation d'une échelle pour mesurer une attitude nous permet d'ordonner nos sujets du moins favorable au plus favorable. Mais cela n'est souvent pas suffisant : on voudrait savoir lesquels peuvent être considérés comme « favorables » dans un sens absolu.

Supposons, par exemple, qu'on ait trouvé que l'attitude vis-à-vis d'un certain produit est unidimensionnelle, c'est-à-dire que tous ceux qui apprécient au même degré ce produit en apprécient les mêmes caractéristiques ou présentent les mêmes comportements à son sujet. On peut fort bien trouver deux individus, A et B, tels que A est plus favorable que B, mais tous deux achètent ce produit. Tous deux peuvent être considérés comme « favorables ». Mais généralement, on ne veut pas identifier « favorable » avec « acheteur ». Réduire l'attitude à l'égard d'un produit à l'achat effectif appauvrit ce concept, et le rend peu utile.

Autrement dit, on désire trouver une coupure qui ait un sens, mais pas trop restreint, qui d'autre part ne dépende pas trop des questions particulières posées, comme ce serait le cas pour la médiane et qui permette donc d'indiquer, par exemple, le pourcentage d'individus « favorables » au produit considéré.

Le problème se pose aussi si on désire vérifier l'hypothèse d'une association entre deux échelles ou obtenir des résultats du genre : « dans une population déterminée, on trouve plus de favorables à A qu'à B ».

Le fait qu'on trouve une plus grande proportion de sujets ayant un score élevé dans l'échelle relative à A que dans celle relative à B ne nous permet pas de tirer la conclusion cherchée, car nous ignorons si les questions des deux échelles sont comparables. Il nous faut une information extérieure qui nous donne une indication « absolue » et non plus relative à l'ensemble particulier de questions qui constitue notre instrument de mesure.

On a proposé [13, 14, 29], pour résoudre ce problème, de s'appuyer sur les hypothèses suivantes : On admet qu'entre les « favorables » et les « défavorables » se trouvent des « indifférents » ou des « neutres ». Ces individus se caractériseraient non seulement par le fait qu'ils ont des opinions intermédiaires, mais aussi parce que ces opinions sont affirmées avec moins d'intensité.

Si nous représentons graphiquement la relation entre l'intensité et le « contenu » (c'est-à-dire le score, tel que nous l'avons calculé jusqu'ici), nous obtenons, si les hypothèses de départ sont vraies, la courbe en U de la figure 6.2.

La coupure cherchée sur l'échelle de contenu, le « zéro » se situera au score correspondant au minimum de l'intensité.

Pratiquement, on se contente de déterminer quelle est la distribution du score minimum d'intensité en fonction du contenu, et prend comme zéro le score de contenu correspondant à la médiane de la distribution.

6.2.2 — La détermination empirique de l'intensité

L'intensité peut être estimée de plusieurs manières :

On peut poser au sujet, après chacune des questions qui constituent l'échelle proprement dite, des questions du type : « Êtes-vous tout à fait sûr de votre réponse, ou à peu près sûr, ou pas sûr du tout ? »

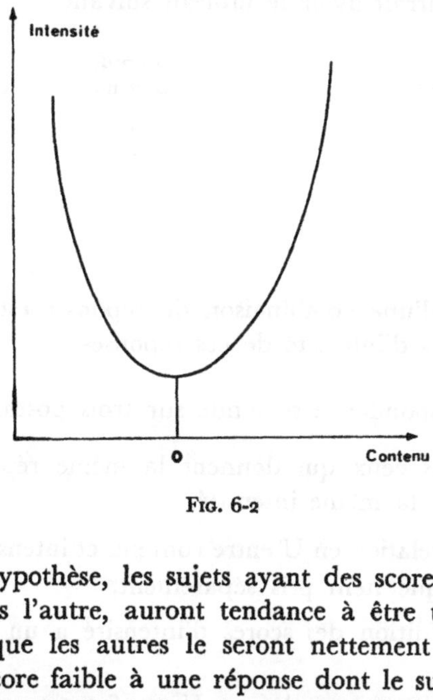

Fig. 6-2

D'après notre hypothèse, les sujets ayant des scores extrêmes, dans un sens ou dans l'autre, auront tendance à être très sûrs de leur opinion, alors que les autres le seront nettement moins. Si nous attribuons un score faible à une réponse dont le sujet n'est pas sûr du tout, et un score élevé dans le cas contraire, les médianes des distribution de ces scores d'intensité pour chaque score de contenu devront se répartir selon une courbe en U (fig. 6.2).

Cette méthode présente l'avantage de dissocier nettement le contenu et l'intensité. Les sujets ont la possibilité de donner n'importe quelle réponse avec n'importe quelle intensité. Si on trouve que la répartition entre ces deux variables présente la forme attendue, on disposera d'une information importante.

En revanche, le dédoublement des questions allonge considérablement le questionnaire, et la répétition de la question d'intensité peut indisposer les sujets, bien que certains soient satisfaits de trouver l'occasion de nuancer leur première réponse.

Une autre méthode (« *fold-over technique* ») consiste à prendre chaque réponse (dans le cas où plus de deux réponses sont possibles) à la fois comme indice de contenu et indice d'intensité, toujours en partant du postulat que les réponses extrêmes correspondent à des intensités fortes.

On fait correspondre ainsi à chaque réponse deux scores, un de contenu et un d'intensité. Dans un cas où 5 réponses seraient possibles, on pourrait avoir le tableau suivant :

Réponses	Score de contenu	Score d'intensité
a	0	2
b	1	1
c	2	0
d	3	1
e	4	2

L'intensité d'une combinaison de réponses est donnée par la somme des scores d'intensité de ces réponses.

Cette correspondance se fonde sur trois postulats :

a) Tous ceux qui donnent la même réponse la donnent avec la même intensité.

b) La relation en U entre contenu et intensité est vraie pour chaque item pris séparément.

c) L'addition des scores d'intensité a un sens.

On trouvera une courbe en U en fonction des scores totaux si les scores moyens sont obtenus par des réponses moyennes plutôt que par des réponses extrêmes et opposées. Dans le cas ci-dessus, cela voudra dire, par exemple, que le score 6 sera obtenu par la combinaison 222 (intensité 0) plutôt que par 4 1 1 ou 4 2 0 (intensité 4).

Ces derniers cas peuvent se produire chez des sujets qui ont des attitudes globales moyennes non par indifférence ou modération, mais parce qu'ils sont fortement ambivalents, ou lorsque les réponses proposées pour les différentes questions divisent de façon très différentes l'étendue de la variable.

Prenons deux exemples d'échelles parfaites. Pour simplifier, nous prendrons quatre catégories de réponses seulement, avec la correspondance :

	Contenu	Intensité
a	0	1
b	1	0
c	2	0
d	3	1

I					II				
Contenu				Intensité	Contenu				Intensité
0	0	0	0	3	0	0	0	0	3
1	1	0	0	2	1	1	0	0	2
2	2	0	0	2	2	1	1	0	1
3	3	0	0	3	3	1	1	1	0
4	3	1	0	2	4	2	1	1	0
5	3	2	0	2	5	2	2	1	0
6	3	3	0	3	6	2	2	2	0
7	3	3	1	2	7	3	2	2	1
8	3	3	2	2	8	3	3	2	2
9	3	3	3	3	9	3	3	3	3

Dans le second exemple, le zéro se situe entre les scores 4 et 5. En revanche, l'intensité dans le premier exemple ne présente pas de minimum unique.

On voit ainsi que, malgré les apparences, le contenu et l'intensité sont suffisamment indépendants pour les scores centraux pour que cela ait un sens d'interpréter le fait qu'une courbe d'intensité ait ou non la forme prévue.

Nous verrons plus loin comment interpréter l'absence de minimum du premier exemple.

Une troisième méthode de mesure de l'intensité, proposée par Cantril [2] consiste à mesurer le temps de réponse du sujet : il sera d'autant plus court que l'intensité sera plus élevée. Des résultats satisfaisants semblent avoir été obtenus, malgré le caractère peu pratique de la méthode.

Le zéro d'une échelle d'attitude est donc un point tel que l'attitude qu'il définit est celle qui est exprimée avec le moins d'intensité, de conviction. On admet donc que c'est l'attitude de sujets indifférents, et que ceux qui sont de part et d'autre de ce point sont « favorables » ou « défavorables ».

Selon Guttman [13, 14], ce zéro aurait une valeur absolue, c'est-à-dire que ce serait une caractéristique de l'univers étudié, et non de l'échantillon particulier d'items qui constituent l'échelle.

Pour le vérifier, Suchman [29] a administré à un échantillon une série de 12 questions formant une échelle, en déterminant le zéro par une des manières indiquées ci-dessus. Il a pu ainsi obtenir une première estimation du pourcentage de « favorables » et de « défavorables » dans la population étudiée. Il a ensuite séparé les 6 questions supérieures des inférieures. La détermination du zéro de chacune de ces nouvelles échelles, dans la même population a permis d'obtenir deux nouvelles estimations des pourcentages précédents. Il s'est révélé que ces trois estimations ne différaient pas significativement.

En s'appuyant sur ce résultat, il semble donc bien qu'on puisse donner un sens absolu à la dichotomie favorable/défavorable.

Une propriété importante du zéro ainsi déterminé, c'est qu'il ne divise nécessairement ni l'échelle, ni la population en deux parties égales. Il nous permet d'obtenir des résultats du type : « 75 % de la population étudiée est favorable à A », ou « la majorité des favorables à A est également favorable à B », résultats que nous n'aurions pas pu atteindre avec une coupure arbitraire ou avec la médiane.

6.2.3 — Critique de la méthode

La connaissance du zéro absolu d'une échelle apporte une information très importante pour en comprendre la signification réelle. Néanmoins, les hypothèses portant sur la relation entre contenu et intensité aussi bien que les méthodes d'estimation sont sujettes à plusieurs critiques.

Premièrement, on peut mettre en cause l'hypothèse initiale de l'existence d'une relation en U entre contenu et intensité et la définition du zéro de l'échelle par le score correspondant à l'intensité minimum.

Nous avons vu que des sujets peuvent obtenir un score moyen non par indifférence mais parce que leur attitude est fortement ambivalente. Dans ce dernier cas, il peut arriver que chaque réponse soit donnée avec une conviction très forte, sans pour cela que le score contenu global soit très faible ou très élevé.

Deuxièmement, il est possible que l'univers soit tel qu'une attitude défavorable apparaisse comme impossible ou du moins, peu vraisemblable. C'est le cas par exemple, de l'attitude vis-à-vis du confort. On peut sacrifier le confort à autre chose, on peut lui être indifférent, mais il semble peu probable que quelqu'un, dans notre civilisation, se déclare hostile au confort. L'échelle qu'on peut obteconcrètement n'est donc que la moitié « favorable » d'une échelle théorique qui comprendrait également les réponses « hostiles ». Dans ce cas, la courbe d'intensité aura la forme d'un J et non plus d'un U ; le zéro se trouvera à une des extrémités de l'échelle et ne présentera donc aucun intérêt comme coupure. Ce qu'il sera utile de déterminer, dans de tels cas, c'est une coupure entre favorables et indifférents et non plus entre favorables et défavorables. On pourrait l'obtenir en déterminant un point où les réponses d'intensité forte deviennent plus nombreuses que les autres.

Toutefois, il est parfois difficile de décider si une réponse apparemment indifférente exprime l'hostilité.

Une autre difficulté peut provenir de l'attribution des scores d'intensité. Lorsque contenu et intensité sont mesurés indépendamment, il n'y a pas de problème : un sujet peut attribuer n'importe quelle intensité à n'importe quelle réponse.

En revanche, si on attribue *a priori* des cotes d'intensité aux différentes catégories de réponses, la forme de la courbe obtenue dépendra des valeurs choisies.

La méthode indiquée ci-dessus, et qui est généralement proposée dans la littérature [13, 14, 29], pose que les questions extrêmes sont les plus intenses. Nous avons vu sur un exemple que cela ne suffit pas pour que la courbe résultant ait la forme d'un U, mais cela exclut certaines formes, par exemple le J. En effet, les contenus extrêmes sont nécessairement donnés au moyen de réponses extrêmes, et par conséquent l'intensité sera maximum aux extrémités.

Lorsqu'on se trouve dans le cas où l'hostilité semble exclue, comme dans l'exemple du confort que nous avons discuté, il se peut que les réponses proposées soient :

(*a*) — c'est absolument indispensable,
(*b*) — c'est souhaitable,
(*c*) — je peux m'en passer.

On ne proposera généralement pas, s'il s'agit du confort, la réponse : « je n'en veux pas ».

Dans ces conditions, si la réponse (*a*) peut être considérée comme intense, la réponse (*c*), bien qu'elle soit la dernière, sera probablement donnée avec une intensité faible. Attribuer les scores d'intensité 1, 0, 1 respectivement à (*a*) (*b*) et (*c*) faussera le phénomène étudié ; les scores 1, 0, 0, seraient plus vraisemblables.

On peut toutefois opposer une objection : le fait même pour un sujet de choisir une des réponses extrêmes proposées pourrait être un indice d'une intensité élevée, quelle que soit la signification de la réponse considérée isolément. L'intensité d'une même réponse ne serait donc pas la même selon qu'on propose au sujet une réponse plus extrême ou non. Malheureusement, il s'avère difficile de mesurer cet effet d'ensemble dans chaque cas particulier, et d'en tenir compte.

Ces considérations nous permettent maintenant d'interpréter l'exemple I (p. 89), où une échelle parfaite ne donnait pas une courbe d'intensité en U. Les caractéristiques des trois items sont représentées dans la figure 6.3.

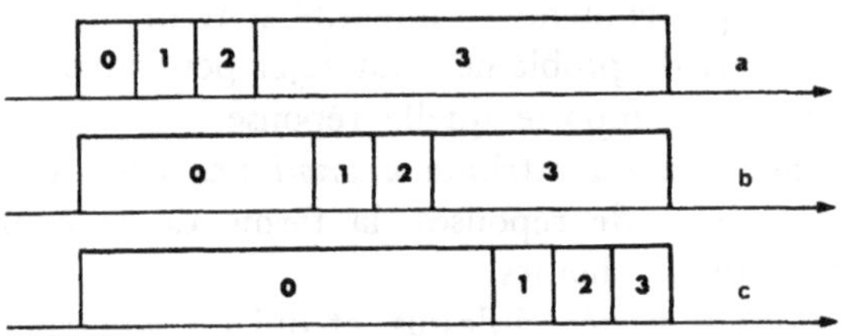

FIG. 6-3

La réponse 3 à la question *a* recouvre une grande partie de la variable « contenu ». Comme on n'a pas proposé de réponse plus forte, elle a été donnée aussi bien par des individus de score moyen (ayant donné les réponses 1 ou 2 à *b*) que par des individus extrêmes (ayant donné 1, 2 ou 3 à *c*). C'est l'inverse qui se produit pour la question *c* : la réponse 0 recouvre une trop grande zone.

Les réponses proposées sont telles que les sujets d'attitudes différentes sont obligés de donner la même réponse, et que tout sujet est amené à donner au moins deux réponses extrêmes sur trois, ce qui donne nécessairement des intensités toujours élevées.

Un exemple de réponses qui peuvent donner la caractéristique de l'item *a* serait :

— Achetez-vous le produit X...

0 : jamais,
1 : rarement,
2 : de temps en temps,
3 : souvent.

Il se peut que parmi ceux qui répondent « souvent » on trouve des sujets ayant des fréquences d'achat très variables.

Si on veut attribuer l'intensité maximum à ceux qui se situent aux extrémités de l'intervalle, et à eux seulement, il ne faut pas attribuer un score élevé à la réponse 3*a*, ni à 0*b*.

L'examen des caractéristiques des items peut suggérer des systèmes plus rationnels d'attribution des scores d'intensité. Mais on pourra alors se demander quelle valeur accorder au zéro déterminé de cette façon, après de telles manipulations comprenant une bonne part d'arbitraire.

6.2.4 — Signification du zéro

Les auteurs qui se sont occupés de la question semblent avoir admis que la distinction entre « favorables » et « défavorables » peut avoir une signification concrète, distincte de la définition opérationnelle qu'on peut en donner à partir du minimum de la courbe d'intensité.

Effectivement, le problème de savoir si un individu est favorable ou non à un parti politique, ou à un produit, semble avoir un sens. Il y a des personnes qu'on s'accordera à considérer comme favorables ou défavorables sans trop de difficultés. Toutefois à y regarder de plus près, la distinction s'estompe.

Si on admet que, selon la définition classique, une attitude est une propension à agir d'une certaine façon, on peut évidemment prendre comme indicateur la présence ou l'absence d'un certain comportement. Le zéro de l'échelle distinguera ceux qui affirment une opinion avec une intensité forte et sont plus disposés à agir que ceux dont l'intensité est faible. En ce sens, la définition du zéro semble satisfaisante.

Mais le choix du comportement qui servira d'indicateur pose un problème. En pratique une attitude ne nous intéresse que comme variable intermédiaire unissant plusieurs comportements. Une échelle d'attitude comprendra presque toujours des questions relatives à plusieurs comportements ou aspects de comportements (« facettes », pour employer le vocabulaire actuel de Guttman).

Par exemple, l'attitude à l'égard d'un produit peut se ramener à la propension à l'acheter, mais on peut aussi y faire intervenir l'effort qu'on est disposé à faire pour se le procurer, la fidélité lors d'une hausse de prix, le fait de le conseiller, etc. Tout ceci peut former une échelle.

Chacun de ces comportements est susceptible de constituer un indicateur, mais on cherche d'habitude un critère plus général, permettant par exemple de distinguer les acheteurs potentiels, vers qui il vaut la peine de diriger la publicité, de ceux, qui, de toute façon, ne deviendront pas acheteurs. Or, *a priori*, le zéro ne nous donne pas nécessairement cette information. On pourrait tout aussi valablement choisir comme coupure un score tel qu'en-dessous on ne trouve pas de réponses d'intensité faible. On peut aussi procéder à une analyse sémantique des items de l'échelle, ou encore valider la coupure par référence à un critère extérieur.

6.2.5 — Emploi de la médiane comme zéro

Si on cherche surtout à simplifier les données, et à regrouper les sujets en deux catégories seulement, la médiane peut pour certains usages jouer le rôle de zéro. Certes, on ne peut plus donner de signification « absolue » à la coupure, et obtenir des résultats comme : « la population comprend 70 % de favorables ». En revanche, on peut toujours effectuer des comparaisons entre populations et c'est avec cette coupure que les comparaisons auront la sensibilité maximum.

Par exemple, si on a plusieurs groupes, on peut déterminer la médiane commune et voir dans quelle proportion cette valeur divise chacun des groupes, ce qui permet d'ordonner ces derniers.

On peut aussi calculer séparément les médianes des différents groupes et les comparer.

Comme, en fait, on ne peut le plus souvent comprendre la signification du zéro que par référence à des données extérieures à l'échelle, il est en général suffisant de le remplacer par la médiane. Cette méthode « promet » moins, mais pour cela même évite le risque d'interprétations abusives.

6.3 — *LA TROISIÈME COMPOSANTE : LE DEGRÉ DE DÉCISION*

La connaissance du zéro d'une échelle nous permet, en principe, de distinguer les sujets « favorables » des « défavorables ». Mais nous avons vu que ces termes n'ont pas de' significations très précises. En particulier, il n'est pas possible de déduire du fait qu'un individu est « favorable » à un certain produit, par exemple, qu'il achètera ce produit. Cela reste vrai même si l'on restreint l'univers étudié, et se borne à l'attitude vis-à-vis de l'achat du produit. Dans le sens défini par la théorie, comme dans le sens intuitif, être favorable à une action n'implique pas qu'on l'accomplisse nécessairement.

Il serait donc utile d'introduire une nouvelle coupure parmi les « favorables », coupure qui distinguerait les sujets « favorables décidés à agir » des « favorables non décidés à agir ». Pour cela, on associe à l'échelle de base une nouvelle fonction, le « degré de décision » (« *closure* »).

Il a été proposé d'interpréter la troisième composante principale comme représentant ce « degré de décision ». En fonction de l'échelle de contenu, la troisième composante a la forme indiquée dans la figure 6.4. Elle présente un maximum et un minimum, situés de part et d'autre du zéro.

Une courbe de cette forme peut être obtenue empiriquement par des questions du genre : « Savez-vous quelle décision vous allez prendre ? » « Avez-vous décidé du choix que vous allez effectuer ? » etc... Il est important de noter que de telles questions ne se refèrent en aucune façon à la décision particulière prise, à l'objet ou à l'action choisie. Elles portent exclusivement sur le fait de se décider.

Comme toute échelle, le « degré de décision » comporte un zéro, déterminé de la façon habituelle. Ce point permet théoriquement de distinguer les sujets « décidés » des « non-décidés », quelle que soit la décision prise.

L'interprétation de la courbe est alors la suivante (fig. 6.4) :

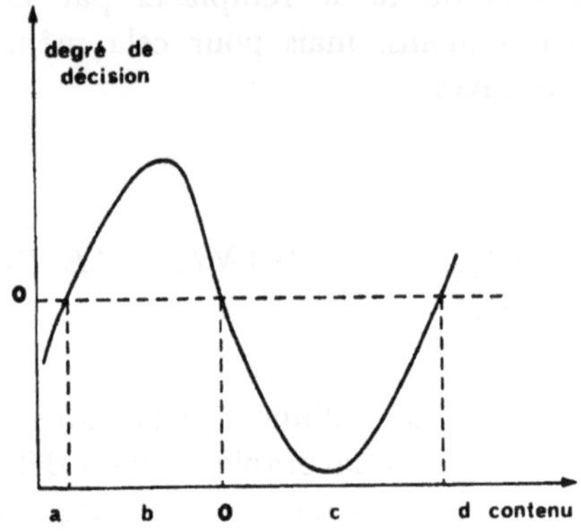

Fig. 6-4

Dans la zone *d*, nous trouvons des individus très favorables et décidés. Les sujets situés en *c* sont moins favorables, et non décidés. La relation entre contenu et décision est tout à fait normale.

Les sujets situés dans la zone *b* sont défavorables, mais décidés. Il s'agit donc de sujets hostiles à l'action à laquelle se rapporte l'échelle, mais qui sont décidés pour autre chose.

Enfin en *a*, on trouve les sujets les moins favorables, non décidés. Cela semble paradoxal, mais s'explique : si un sujet, sans avoir fixé son choix sur autre chose, refuse une possibilité qui lui est proposée, on peut le considérer comme plus hostile que celui qui la refuse parce qu'il a déjà choisi une autre éventualité.

Si un questionnaire comprend des échelles portant chacune sur l'un des différents termes d'un éventail de possibilités, et une échelle unique de décision, chaque sujet « décidé » se situera dans la zone *d* d'une des échelles de contenu, et dans la zone *b* des autres échelles. En revanche, les sujets non décidés peuvent se répartir de n'importe quelle façon entre les zones *a* et *c*.

On voit qu'il est très vraisemblable que la courbe de « degré de décision » soit une courbe en N. Toutefois son interprétation présente certaines difficultés, en particulier en ce qui concerne la dernière catégorie (défavorable non décidés). En effet, si on peut admettre l'idée qu'un individu défavorable non décidé est plus favorable que celui qui est décidé, en revanche la réciproque est beaucoup moins acceptable. On ne peut pas conclure que les individus les plus défavorables sont nécessairement non décidés. Il faut donc s'attendre à ce que les sujets ayant des scores très bas présentent une forte dispersion du point de vue du degré de décision.

L'emploi de l'échelle de degré de décision permet d'introduire sur l'échelle de contenu de nouvelles coupures significatives, en plus du zéro. Ainsi, il est possible de définir 5 groupes allant du plus au moins favorable :

— favorables décidés,
— favorables non décidés,
— défavorables non décidés,
— défavorables décidés (à choisir autre chose),
— défavorables non décidés.

(Certaines catégories peuvent ne pas être représentées, selon la position du zéro).

La connaissance de ces 5 catégories peut être intéressante. Par exemple, s'il s'agit de l'attitude à l'égard d'un produit, ce sera probablement vers les personnes de deuxième catégorie (favorables non décidés) qu'il sera le plus utile de diriger la publicité.

Lorsque l'échelle comprend un grand nombre d'items, il est possible d'utiliser le degré de décision pour diminuer le nombre de catégories, de façon à ce que les nouvelles divisions aient un sens.

Mais on peut aussi augmenter le nombre de catégories, si on dispose d'un nombre d'items jugé trop faible. Ainsi, si tous les sujets favorables se trouvent avoir le même score de contenu, on pourra les diviser en deux classes ordonnées, selon qu'ils sont décidés ou non. En procédant ainsi, on ne vérifiera pas l'existence de la relation prévue entre contenu et degré de décision, mais on la postulera et l'utilisera.

Dans la section précédente, nous avons critiqué la théorie du zéro et son utilisation en reprochant à la distinction entre favorables et défavorables d'avoir une signification peu claire. L'interprétation de la troisième composante échappe à de telles critiques, dans la mesure où les questions posées sont précises. En effet, tout ce que nous avons exposé n'a de sens que dans une situation bien définie : un sujet doit choisir entre un certain nombre d'éventualités, qui s'excluent mutuellement et qui constituent l'ensemble des possibilités. Les questions qui constituent l'échelle de décision se réfèrent de façon précise à un choix, à une action. L'interprétation des coupures sera donc en principe moins ambiguë que dans le cas du zéro.

En revanche, la forme plus compliquée de la courbe, le fait qu'il est nécessaire d'en déterminer le zéro par une courbe d'intensité, tout cela entraîne une diminution de la précision, déjà faible à cause de la dispersion des réponses. Bien que la théorie sous-jacente soit séduisante, l'utilisation de la courbe de degré de décision s'avère en pratique très peu assurée.

6.4 — *LA QUATRIÈME COMPOSANTE : LE DEGRÉ DE PRÉOCCUPATION*

La quatrième composante principale est représentée par une courbe en M (fig. 6.5) dont le minimum se situe près du zéro.

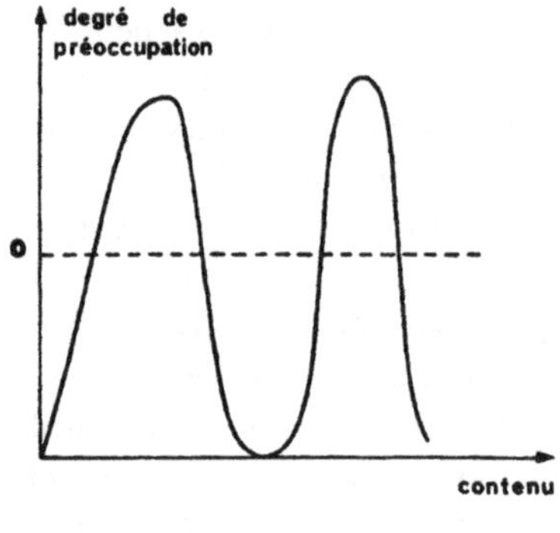

Fig. 6-5

L'interprétation la plus courante est celle du « degré de préoccupation ». S'il s'agit de l'attitude à l'égard d'un produit, les individus très favorables, très défavorables ou indifférents ne s'inquiètent plus de ce produit.

Pour les favorables, non seulement leur décision est prise, mais en plus ils n'ont plus de débat intérieur, d'hésitations. Ils n'éprouvent plus le besoin d'en discuter ou de se renseigner. En revanche, des personnes un peu moins favorables, bien que décidées, peuvent continuer à débattre intérieurement, à s'informer. A l'autre extrémité, on trouve les personnes hostiles, qui n'éprouvent elles non plus, aucun besoin de débattre ou de rechercher de nouvelles informations. Enfin, on trouve une troisième catégorie de personnes

« non-préoccupées » : ce sont les sujets proches du zéro. Étant indifférents au domaine considéré, ils n'ont aucune raison de s'en inquiéter.

Les deux groupes à degré de préoccupation « positif » sont favorables et défavorables, dans chaque cas moyennement. Même si leur décision est prise, ils continuent à retourner le problème dans leur tête.

La courbe en question est obtenue par des questions du type : « Dans quelle mesure réfléchissez-vous au problème? ».

Une manifestation particulière de la préoccupation, c'est la recherche d'informations nouvelles. Des questions portant sur ce point donnent une courbe du type cherché. Comme ces questions sont généralement assez précises, ce sont elles qui sont le plus souvent employées, et la quatrième composante est interprétée de façon plus restreinte comme « l'activité de recherche de l'information ».

Comme les autres composantes principales, la quatrième peut servir à déterminer les coupures significatives sur l'échelle de contenu.

Contrairement à l'échelle de degré de décision, celle-ci ne peut être constituée que par des questions précises portant sur l'univers étudié.

6.5 — *L'INDICE DE DIRECTION*

Certaines études au cours desquelles on a essayé de déterminer les différentes composantes principales, ont montré qu'il était possible d'obtenir, pour les degrés de décision et de préoccupation, des courbes inverses des courbes décrites ci-dessus.

La troisième composante (décision) a alors la forme d'un N renversé, au lieu d'un N et la quatrième celle d'un W au lieu d'un M.

Guttman [14, p. 257] essaie d'expliquer cette inversion en disant qu'elle se produit lorsque l'attitude en question est liée à des impératifs moraux ou sociaux.

Ainsi, si une attitude est socialement valorisée, on pourra obtenir pour le degré de décision la courbe de la figure 6.6. Certains individus pourront exprimer une attitude très favorable, pour rester conforme à une norme, sans pour cela être décidés. En revanche, ne s'opposeront à cette norme, en exprimant une attitude fortement défavorable, que les personnes nettement engagées ailleurs, donc décidées également.

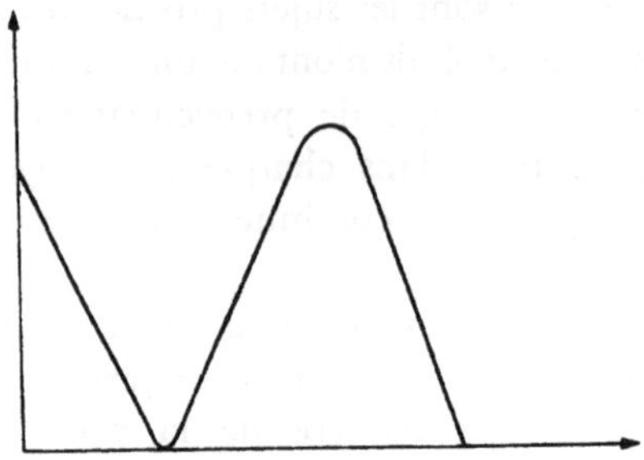

FIG. 6-6

Pour être en mesure de prévoir si la courbe sera inversée ou non, Guttman pose les questions du type : « Devrait-on penser que... (le contenu étudié) ? ». On détermine ainsi si l'attitude étudiée est perçue par le sujet comme une norme sociale, quelle que soit par ailleurs sa position personnelle. Une telle question a été appelée « indice de direction » (*direction finder*).

Pour le degré de préoccupation, l'indice de direction est fourni par des questions comme « Devrait-on peser le pour et le contre au sujet de... ? ». Chez ceux qui répondent affirmativement, on trouve pour la quatrième composante une courbe en W (fig. 6.7).

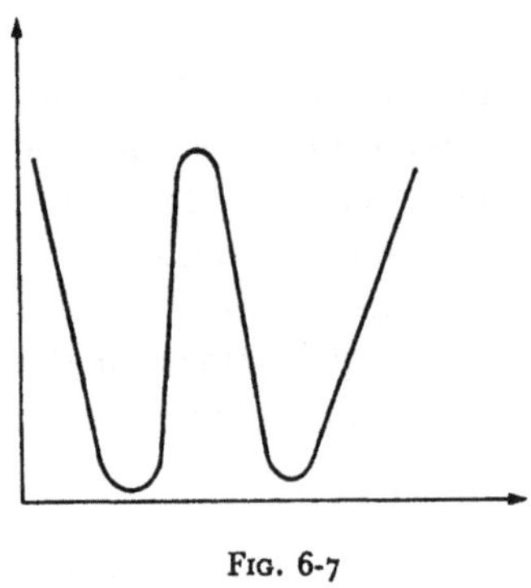

FIG. 6-7

Guttman affirme avoir obtenu une telle courbe pour l'échelle de contenu « attitude à l'égard de la politique étrangère de l'U.R.S.S. ».

Les sujets préoccupés sont les extrêmes qui, bien qu'ayant pris position, continuent à s'informer, probablement dans un but polémique. De même les neutres, lorsqu'ils estiment que le sujet est important, et qu'il faut s'en occuper, s'informent beaucoup, éventuellement avec l'idée qu'il faudrait prendre position. En revanche, les favorables et les défavorables moyens, dont la position est prise, s'informent peu ou pas du tout.

6.6 — *REMARQUES ET DISCUSSION*

6.6.1 — La correspondance entre courbes calculées et courbes empiriques

La théorie des composantes principales, par sa richesse et son ingéniosité, appelle un certain nombre de remarques critiques et méthodologiques.

Il existe peu de cas, en psychologie, où un développement mathématique a, apparemment du moins, ouvert des perspectives aussi nouvelles, et permis des prévisions vérifiables empiriquement. Il importe donc d'examiner de près quelles sont, dans le cas particulier, les relations entre les opérations mathématiques et les phénomènes réels.

1. La situation est la suivante :

D'une part, un certain calcul permet d'associer à une échelle une série de courbes. D'autre part, on peut parfois associer empiriquement à une échelle d'autres variables, telles que leur relation avec elle ressemble à celle qui existe entre une échelle et ses composantes principales.

Mais il n'y a rien de plus qu'une ressemblance. En effet, on ne voit pas de rapport entre, d'une part, les opérations mathématiques permettant d'obtenir les composantes principales et d'autre part les relations psychologiques entre une échelle et les courbes associées. Rien ne justifie le fait que la maximation d'un rapport de variances donne une courbe qui ait une relation quelconque avec l'intensité, la décision, etc... plutôt qu'avec autre chose. Rien, dans la théorie mathématique en question ne guide dans l'interprétation. Celle-ci pourrait être parfaitement différente sans que la cohérence de la théorie en souffre.

2. La détermination empirique des composantes principales de certaines attitudes donne parfois des courbes qui n'ont pas la forme prévue. En effet, si l'interprétation proposée est ingénieuse, elle ne s'impose absolument pas. On pourrait parfaitement concevoir des attitudes qui aient des relations toutes différentes avec l'intensité, le degré de décision, etc..., cette relation restant cohérente est vraisemblable.

Un cas toutefois est intéressant : il se peut que les différentes composantes n'aient pas la forme prévue mais que ces courbes soient cohérentes entre elles de telle sorte qu'on puisse penser qu'on n'a saisi qu'une fraction de l'étendue de la variable. C'est le cas de la figure 6.8, où on n'aurait obtenu que la partie supérieure de l'échelle.

Fig. 6-8

L'examen de la forme des composantes nous montre que les questions et la population étudiée, ne correspondaient qu'à la partie favorable de l'attitude. Le résultat est très important. Toutefois, si au lieu de déterminer empiriquement les composantes, on les calculait, on retrouverait les formes théoriques qui dans ce cas ne représenteraient pas la réalité qu'on cherche à saisir.

3. Nous avons vu que si le modèle hiérarchique s'applique bien à la mesure des attitudes, il en est de même d'autres variables psychologiques, comme par exemple certaines aptitudes, des niveaux successifs de développement intellectuel, etc.

Or, dans ces cas-là, on ne voit pas comment interpréter les composantes principales ; en tout cas, l'interprétation proposée dans le cas des attitudes ne s'applique pas, et on n'en voit à première vue aucun équivalent.

On se trouverait donc en présence de données mathématiquement équivalentes, mais telles que certaines transformations, purement formelles pourtant, ne seraient possibles (ou plutôt n'auraient de sens) que dans certains cas.

4. En principe pour une échelle donnée, et connaissant les fréquences de chaque score, on devrait pouvoir établir les caractéristiques des courbes expérimentales uniquement au moyen de calculs portant sur ces fréquences ; à notre connaissance on n'a jamais cherché à comparer les paramètres estimés à partir des courbes expérimentales aux valeurs de ces mêmes paramètres calculées sur les fréquences. Cette méthode de vérification semble d'ailleurs extrêmement délicate, étant donné la forte dispersion des résultats.

Une conséquence importante de l'identification des courbes théoriques et empiriques c'est que l'*intensité, les degrés de décision et de préoccupation d'une échelle donnée dépendent exclusivement de la répartition des sujets selon les différents scores*. Autrement dit, il serait impossible d'obtenir deux échelles telles que les fréquences des scores correspondants soient les mêmes sur chacune d'elles, mais ayant des intensités ou des degrés de décision différents. Psychologiquement, nous n'avons aucune raison d'accepter ce postulat.

5. Enfin, on peut critiquer sur des bases psychologiques l'idée même de recherche d'une métrique quelle qu'elle soit.

En effet, le modèle des échelles parfaites ne suppose pas que la variable sous-jacente soit continue ; en revanche, la théorie des composantes principales l'exige. Elle suppose que cela a un sens d'introduire une métrique. Or, l'hypothèse de continuité des variables psychologiques peut être mise en doute, surtout dans le cas de comportements « intellectuels », et de phénomènes de développement. En effet, la psychologie contemporaine tend à décrire l'intelligence au moyen de structures de complexité croissante, emboîtées les unes dans les autres. Le modèle des échelles rend bien compte de ces emboîtements, mais la continuité perd sa signification. Le problème de l'introduction d'une métrique ne se pose donc pas en théorie, et par conséquent on n'a aucune raison d'attribuer une signification psychologique aux courbes obtenues par l'analyse mathématique en question, qui postule son existence.

En résumé, la théorie des composantes principales semble tenir sa valeur plus de résultats empiriques et d'interprétations ingénieuses que de son fondement mathématique. Celui-ci semble avoir eu surtout une valeur heuristique, avoir suggéré une certaine ligne de recherche.

6.6.2 — La signification psychologique des composantes principales

Pratiquement, l'utilisation des composantes principales déterminées empiriquement, indépendamment de toute relation avec les courbes calculées, se révèle surtout utile pour définir, sur l'étendue de la variable, des groupes en principe plus homogènes que par des coupures arbitraires. On se heurte toutefois à de nombreuses difficultés pratiques, liées à la grande dispersion des réponses aux questions portant sur les composantes principales.

Il est intéressant d'ailleurs de constater que cette dispersion est souvent plus forte pour les « défavorables » que pour les « favorables ». Il semble donc que, dans de tels cas, la notion de « favorables » corresponde à un ensemble de comportements bien déterminés, alors que les « défavorables » constitueraient un groupe plus hétérogène. Des faits comme celui-ci limitent donc encore la portée pratique de ces composantes.

D'un point de vue psychologique, indépendamment de tout traitement mathématique, la théorie des composantes principales est certainement séduisante. Néanmoins il faut bien voir que son domaine d'application est très limité, ces limitations étant d'ailleurs différentes pour chaque composante.

Nous avons déjà vu ci-dessus un cas où on ne pouvait pas espérer trouver une courbe d'intensité en U : lorsque la nature du domaine étudié exclut une partie de l'échelle (au-dessus ou au-dessous du zéro), ou lorsque les individus moyens le sont par ambivalence et non par indifférence.

La théorie du « degré de décision » suppose que le sujet se trouve en face d'un certain nombre de possibilités bien déterminées, clairement perçues, et de plus qu'il soit dans une situation de choix forcé.

Par exemple, on pourrait l'appliquer au choix entre différentes marques d'un même produit dans une population de personnes décidées à acheter ce produit sans avoir nécessairement choisi la marque. Si on incluait également ceux qui n'achèteront pas le produit, ou qui ne sont pas encore décidées quant à l'achat lui-même, le sens de la « décision » varierait d'un individu à l'autre, et la courbe pourrait avoir n'importe quelle forme.

Quant à la quatrième composante, on peut la relier à « l'engagement » du sujet et à la permanence de ses intérêts. On pourra trouver une courbe en M lorsque l'échelle de contenu et celle de recherche d'information se réfèrent à une décision très précise. Dans ce cas, il est effectivement admissible qu'on cesse de se préoccuper de la question une fois la décision prise. Il n'en va pas de même lorsque la décision s'inscrira dans le domaine d'intérêt plus vaste, la recherche d'information pouvant dans ce cas persister. Par exemple, la recherche de renseignements sur une région où on pense partir en vacances peut ne pas cesser, au contraire, lorsqu'on aura effectivement décidé de s'y rendre. Pour éliminer ce cas, il faudrait que la question ne porte pas sur la recherche d'information sur la région, mais sur les endroits où on peut partir en vacances. Il faut aussi tenir compte de facteurs caractériels : certaines personnes, une fois leur décision prise, et même si elle est irrévocable, pourraient continuer à se renseigner pour se rassurer, se convaincre que leur choix était bon, etc.

Enfin, on peut donner de la troisième composante une interprétation beaucoup plus large, dépassant le simple fait d'être plus ou moins décidé : il s'agirait d'une attitude générale, conditionnant l'attitude à l'égard de plusieurs contenus particuliers. L'ethnocentrisme semble pouvoir en constituer un bon exemple, à condition d'être étudié au moyen de questions suffisamment générales, ne faisant pas allusion à des groupes précis. En effet, cette variable doit vraisemblablement donner une courbe en N en fonction de l'attitude à l'égard d'un groupe déterminé : les plus favorables à ce groupe sont probablement des ethnocentriques appartenant à celui-ci. Ceux qui sont moins favorables pourront être également des membres du groupe qui, n'étant pas ethnocentriques, exprimeront un attachement plus modéré. Parmi les défavorables, nous rencontreront d'abord des ethnocentriques hostiles. Enfin, les plus défavorables au groupe en question serait ceux qui, sans être ethnocentriques, expriment une hostilité spécifique. Évidemment, tout ceci reste à vérifier empiriquement, mais on voit sur cet exemple que les concepts proposés par la théorie des composantes principales peuvent suggérer des hypothèses et une approche intéressantes.

7 – L'ANALYSE HIÉRARCHIQUE MULTIDIMENSIONNELLE

7.1 — *LES GÉNÉRALISATIONS DE L'ANALYSE HIÉRARCHIQUE*

Il arrive souvent que l'analyse hiérarchique, dont nous avons exposé ci-dessus le principe et les techniques, montre que le modèle unidimensionnel ne permet pas de rendre compte d'un ensemble de résultats empiriques. On peut évidemment dans un tel cas renoncer complètement à ce type d'analyse et calculer par exemple les associations ou corrélations entre items pris deux à deux. Mais on peut aussi chercher à conserver les concepts de base de l'analyse hiérarchique en les généralisant pour pouvoir les appliquer à un plus grand nombre de cas.

Deux formes principales de généralisation sont possibles :

— probabiliser le modèle,

— admettre l'existence de plusieurs dimensions.

Dans le modèle de Guttman, on admet que chaque sujet donne la réponse « 1 » avec une probabilité de 0 ou de 1, cette probabi-

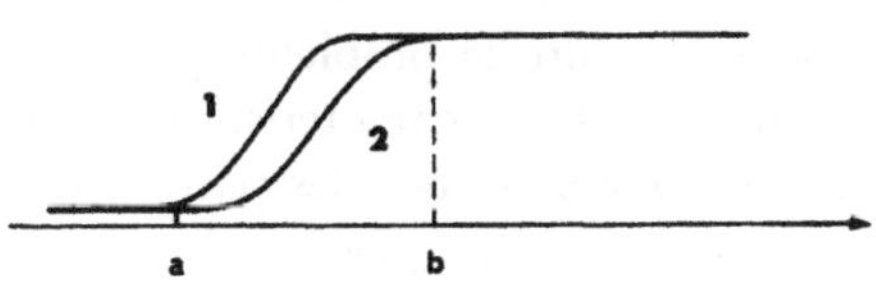

FIG. 7-1

lité dépendant exclusivement de la position du sujet sur l'axe représentant la variable commune aux deux items et aux sujets. La généralisation probabiliste consiste à admettre que d'autres valeurs de la probabilité de réponse sont possibles. Par exemple, on pensera que la caractéristique d'un tel item a la forme d'une ogive, comme sur la figure 7.1. La probabilité de la réponse « 1 » serait 0 ou 1 sur toute l'étendue de la variable, sauf dans une certaine zone où elle croîtrait rapidement. Les sujets situés entre *a* et *b* peuvent donner n'importe lequel des quatre patrons possibles. On voit ainsi que ce modèle peut rendre compte du cas où on n'a pas une échelle parfaite.

Postuler une caractéristique en ogive, c'est admettre que les sujets dont la position sur l'axe est éloignée de celle de l'item répondent presque sans ambiguïté avec des probabilités voisines de 0 ou de 1, comme dans le modèle déterministe. Mais lorsqu'on s'approche de la position de l'item l'incertitude croît, et les réponses sont données avec les probabilités variables, l'indétermination étant au maximum pour les sujets dont la position coïncide avec celle de l'item. Une caractéristique de cette forme constitue bien une généralisation probabiliste du modèle de Guttman, et ces hypothèses sont très vraisemblables.

Malgré les apparences ce modèle n'est pas compatible avec n'importe quel résultat. En effet, dans l'exemple ci-dessus, si nous fixons les paramètres des deux ogives, nous fixons en même temps les probabilités des différents patrons. Le problème concret sera donc, connaissant les patrons existants et leurs fréquences, de déterminer les valeurs des paramètres de caractéristiques de forme donnée. On voit la grande différence avec l'analyse hiérarchique non probabiliste : les fréquences des patrons y jouent un rôle essentiel, alors que dans les modèles déterministes on ne tient compte que de leur absence ou de leur présence.

L'analyse de « structure latente » développée principalement par Lazarsfeld [17, ch. 7] suppose précisément des caractéristiques admettant des probabilités comprises entre 0 et 1. Malheureusement on ne sait pas actuellement résoudre le problème posé ci-dessus, qui est de déterminer les paramètres d'une caractéristique qu'on a postulée être en ogive, à partir de la connaissance des patrons de réponses obtenus et de leurs fréquences. Les techniques d'analyse de structure latente actuellement disponibles ne s'appliquent qu'à des caractéristiques ayant d'autres formes, par exemple des droites de pente quelconque. Ces cas ne peuvent pas être directement considérés comme des généralisations de l'analyse hiérarchique, puisqu'ils abandonnent complètement le caractère cumulatif des échelles, qui en constitue le principal intérêt, du point de vue de l'interprétation psychologique. C'est pourquoi nous ne développerons pas plus ce sujet.

Une autre généralisation possible consiste à conserver le caractère déterministe des échelles, mais à abandonner l'hypothèse d'unidimensionnalité. Il est en effet raisonnable, lorsqu'on a montré qu'on ne peut pas rendre compte des résultats par une seule dimension, de conclure qu'il y en a plusieurs. Si on peut montrer que n dimensions rendent compte de k items, n étant inférieur à k, on aura gagné de l'information et dans une certaine mesure mieux analysé le domaine étudié.

Il reste à préciser exactement ce qu'on entend par « dimensions » et la manière dont plusieurs d'entre elles peuvent se combiner. L'idée de base reste la suivante : si toutes les combinaisons de réponses possibles, autrement dit tous les patrons possibles, ne sont pas représentées, ces absences sont interprétées comme l'indice de l'existence de relations entre les items. Dans le modèle de Guttman, la relation cherchée était très forte, puisqu'il s'agissait d'un ordre sur l'ensemble des items et des sujets. Dans ce qui suit, nous généraliserons ce modèle en acceptant des relations plus faibles.

Par exemple, au lieu de prendre en considération la relation $a \leqslant b$ qui correspond à « tous les sujets qui ont répondu « 1 » à *b* ont également répondu « 1 » à *a* », on pourra avoir recours à des relations entre trois items, du genre « les sujets qui ont répondu « 1 » à *c* ont également répondu « 1 » à *a ou à b*, ceux-ci étant indépendants » ou encore : « les sujets qui ont répondu « 1 » à *c* ont répondu « 1 » à *a et à b*, ceux-ci étant indépendants ». Nous montrerons qu'une analyse en termes de « dimensions » est un cas particulier de l'utilisation de telles relations.

Les modèles proposés jusqu'à présent, bien que très étroitement reliés entre eux, peuvent être regroupés en deux catégories. Les premiers partent de la représentation d'une variable par un axe, et d'un item par sa caractéristique. Les autres généralisent la structure algébrique du modèle unidimensionnel.

7.2 — LES GÉNÉRALISATIONS DE LA REPRÉSENTATION GÉOMÉTRIQUE

Nous avons vu que, lorsque des items forment une échelle, on peut représenter la variable comme ainsi définie par un axe et chaque item par une coupure sur cet axe correspondant à la discontinuité de la caractéristique. Chaque sujet est représenté par un point sur l'axe, et la coupure correspondant à un item sépare les sujets qui ont répondu « 0 » de ceux qui ont répondu « 1 » à cet item.

La généralisation consiste à admettre l'existence de plusieurs axes orthogonaux, définissant un espace (où chaque sujet est représenté par un point) que chaque item divise en deux parties, correspondant chacune aux réponses « 0 » et « 1 ». La coupure, ponctuelle dans le cas où l'univers étudié se ramène à une dimension, sera une courbe s'il en a deux, une surface dans un espace à trois dimensions, etc.

L'item sera monotone si toute droite passant par l'origine ne traverse la surface-coupure qu'en un point. Théoriquement, la coupure peut être quelconque; en fait, tous modèles proposés admettent qu'elle est entièrement définie par les coordonnées d'un point qui caractérise l'item.

Les modèles proposés diffèrent par la forme attribuée à cette coupure. Ceux que nous allons exposer ont été développés par Coombs et Kao [4; on en trouvera également un résumé dans 33, page 345] sous le nom d'analyse factorielle non-métrique. Nous verrons plus loin dans quelle mesure ces modèles peuvent effectivement être rapprochés de l'analyse factorielle.

7.2.1 — Le modèle conjonctif-disjonctif

Comme nous venons de le voir, le principe du modèle consiste à représenter d'abord chaque item et chaque sujet par un point dans un espace à n dimensions ($n \leqslant k$, k étant le nombre d'items), c'est-à-dire à associer à chaque item et à chaque sujet n composantes selon n axes orthogonaux; on admet qu'il existe une relation d'ordre entre les composantes selon un même axe. A chaque point-item, on associe une coupure dont la forme est définie à partir de considérations sur les relations entre dimensions et réponses.

Prenons l'exemple de deux dimensions : chaque item divise le plan en quatre quadrants correspondant à quatre catégories de sujets (fig. 7.2) :

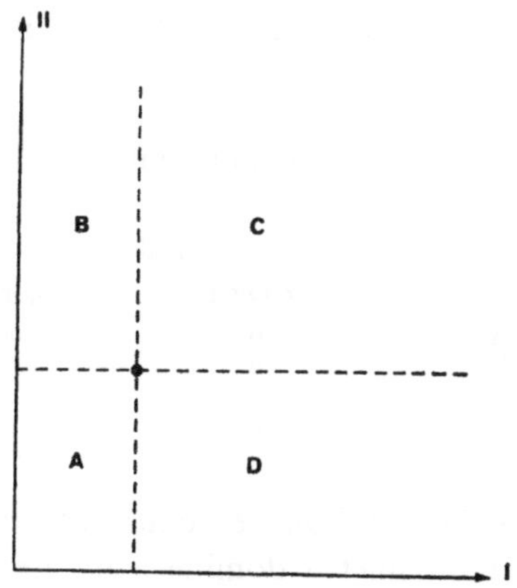

Fig. 7-2

A : les sujets ont leurs deux composantes inférieures à celles de l'item,

B : les composantes des sujets selon l'axe I sont inférieures à celles de l'item, celles selon l'axe II supérieures,

C : les deux composantes des sujets sont supérieures à celles de l'item,

D : les composantes selon I sont supérieures, celles selon II inférieures.

Il faut maintenant définir les relations entre la réponse donnée et l'appartenance à un des quadrants. Il est normal d'admettre que les sujets du quadrant A donneront « 0 » et ceux du quadrant C la réponse « 1 ».

Il reste les quadrants B et D, qui correspondent aux sujets « supérieurs » à l'item selon une des dimensions, et « inférieurs » selon l'autre. Or, les sujets ne peuvent pas faire la distinction puisque, même s'ils sont plus ou moins conscients de la bidimensionnalité de l'item, on leur impose de ne donner qu'une seule réponse.

Deux modèles extrêmes sont possibles :

— pour qu'un sujet donne la réponse « 1 » à un item, il *faut* que ses deux composantes soient supérieures à celles de l'item. C'est le modèle dit « conjonctif »,

— pour qu'un sujet donne la réponse « 1 », il *suffit* qu'une de ses composantes soit supérieure à celle de l'item. Le modèle est alors dit « disjonctif ».

Les réponses des sujets des différents quadrants sont les suivantes :

	modèles	
	conjonctif	disjonctif
A	0	0
B	0	1
C	1	1
D	0	1

Pour simplifier le vocabulaire, nous introduirons la relation de « dominance » : un sujet « domine » un item si sa réponse est « 1 », et inversement l'item « domine » le sujet si la réponse est « 0 ».

Un item conjonctif est dominé par les sujets qui lui sont supérieurs selon les deux dimensions à la fois et par eux seulement. Il domine donc tous les autres sujets, ceux qui lui sont inférieurs selon une dimension *ou* l'autre. C'est-à-dire que les sujets seront dominés par les items qui leur sont supérieurs selon une dimension seulement. Ils seront donc dominés de façon disjonctive.

Nous ne sommes pas en présence de deux modèles distincts ; si les items sont conjonctifs, les sujets seront disjonctifs et inversement. Il y a dualité entre les deux modèles, et entre items et sujets.

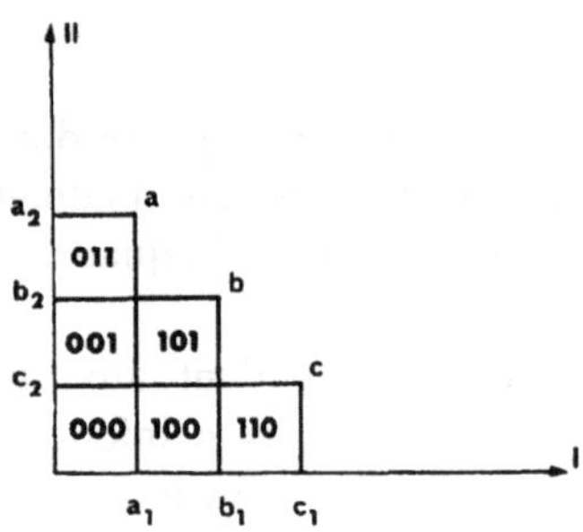

FIG. 7-3

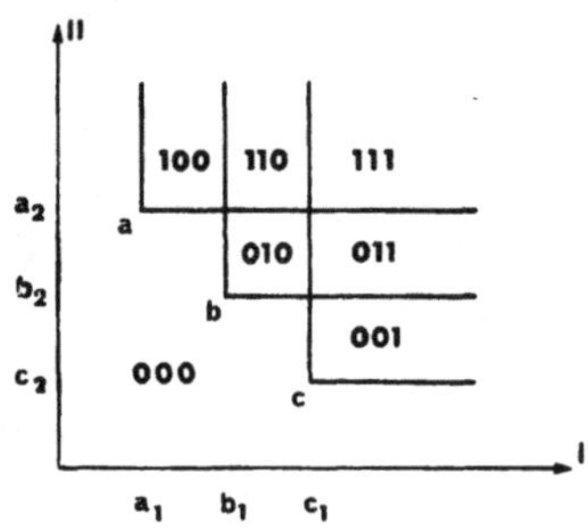

FIG. 7-4

Dans le cas de deux dimensions, lorsqu'on a plus de deux items, certains patrons de réponse sont impossibles. Par exemple, avec trois items disjonctifs, c'est le cas de 010 (fig. 7.3). En revanche dans le cas conjonctif, c'est 101 qui manque (fig. 7.4).

On peut s'appuyer sur de telles constatations pour rechercher les dimensions.

Il convient de remarquer que la relation de dominance n'est définie qu'entre éléments d'ensembles différents. En effet, elle nous est donnée par la réponse du sujet à l'item. Deux items ou deux sujets ne sont jamais comparés directement. Par conséquent la dominance n'est pas transitive. Du fait que le sujet x domine l'item y, et que ce dernier domine le sujet x', on ne peut pas conclure que x domine x', puisque cette relation n'est pas définie.

7.2.2 — Le modèle à compensation

Dans le modèle précédent à deux dimensions, la limite des deux groupes de sujets discriminés par un item est constituée par deux demi-droites parallèles aux axes, ayant leur origine au point représentant l'item. Dans un espace à n dimensions la limite sera constituée par n hyperplans orthogonaux.

Coombs et Kao ont proposé un autre modèle où, comme dans le précédent, chaque item est représenté par un point, la coupure étant cette fois un hyperplan, perpendiculaire au rayon vecteur correspondant à ce point. On introduit ainsi une compensation entre les dimensions, compensation dont l'absence constituait un défaut du modèle conjonctif-disjonctif, trop strict.

Avec deux dimensions, la coupure est une droite et trois items donnent la figure 7.5 ou 7.6.

Les ordres dans les deux figures sont les mêmes. Néanmoins les deux ensembles de patrons considérés différent par l'existence de 101 dans un cas et 010 dans l'autre. Cela correspond au fait que la droite qui correspond à l'item c passe ou non entre l'origine et l'intersection des droites a et b.

Le cas de la figure 7.5 peut être analysé par un modèle disjonctif à deux dimensions; celui de la figure 7.6 par un modèle conjonctif. En admettant une compensation, non seulement les deux ensembles deviennent compatibles avec des modèles de même type, mais on obtient en plus une information supplémentaire sur la position relative des points-items. On dispose donc de données plus riches que simplement l'ordre des composantes.

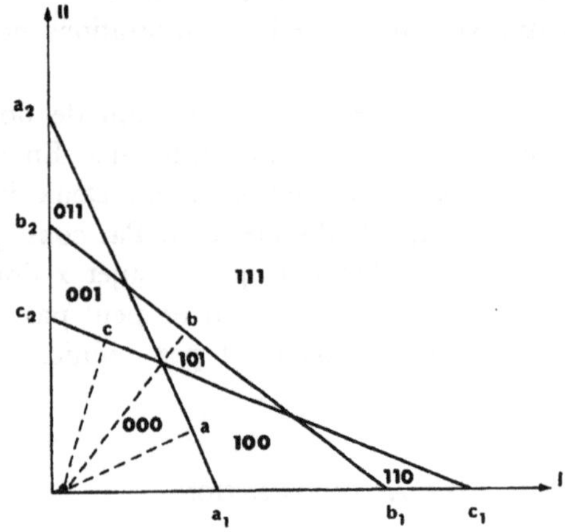

FIG. 7-

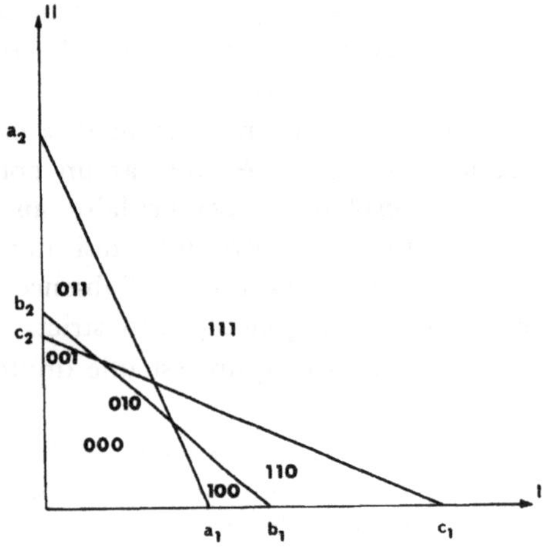

FIG. 7-6

L'analyse s'effectue en considérant des groupes de trois items : si un des patrons autres que 111 ou 000 existe sans son inverse (par exemple 101 sans 010) on peut accepter l'hypothèse de deux dimensions et l'item distinct des autres dans ce patron (dans notre cas *b*) se trouve alors entre les deux autres sur chaque dimension. On poursuit ensuite l'analyse de proche en proche.

7.3 — *LA GÉNÉRALISATION DE LA STRUCTURE ALGÉBRIQUE*

Les généralisations que nous avons données ci-dessus postulaient l'existence d'un espace euclidien dans lequel il est possible de représenter les items et les sujets. Un tel postulat est très fort : en fait, nous ne disposons comme information que des jugements dichotomiques simultanés sur les items. Ce n'est que de l'extérieur qu'on peut introduire dans ces données les propriétés euclidiennes, en particulier une métrique. On peut essayer d'éviter des hypothèses aussi fortes, en analysant uniquement des structures de patrons, sans essayer d'introduire de distances.

Nous avons proposé [20] une telle méthode d'analyse qui se trouve d'ailleurs en relation étroite avec le modèle conjonctif-disjonctif.

7.3.1 — Principe du modèle

Nous introduisons d'abord une série de définitions.

Le produit disjonctif ($\vee$) de deux patrons et un nouveau patron, obtenu en combinant les réponses de chaque patron au même item, selon les règles suivantes :

$$1 \vee 1 = 1$$
$$1 \vee 0 = 1$$
$$0 \vee 1 = 1$$
$$0 \vee 0 = 0$$

Un deuxième produit, dit *conjonctif* ($\wedge$) est défini par :

$$1 \wedge 1 = 1$$
$$1 \wedge 1 = 0$$
$$0 \wedge 1 = 0$$
$$0 \wedge 0 = 0$$

Nous considérons également une relation d'inclusion (α) entre patrons : $p_1 \alpha p_2$ si à chaque « 1 » de p_1 correspond un « 1 » de p_2.

Si $p = p_1 \vee p_2$, p_1 et p_2 sont tous deux inclus dans p. Si $p' = p_1 \wedge p_2$, p' est inclus dans p_1 et p_2. Les réciproques ne sont pas nécessairement vraies.

Prenons comme exemple $p_1 = 11000$ et $p_2 = 01011$, on obtient :

$$p = p_1 \vee p_2 = 11011$$
$$p' = p_1 \wedge p_2 = 01000$$

On voit que $p_1 \alpha p$, $p_2 \alpha p$, $p' \alpha p$, $p' \alpha p_2$. Mais considérons les patrons $p_3 = 10000$ et $p_4 = 00001$, on a $p_3 \alpha p$ et $p_4 \alpha p$, mais pas $p = p_3 \vee p_4$.

Une *échelle*, au sens de Guttman, est un ensemble de patrons, $p_1\, p_2 \ldots p_n$ tels que $p_1 \alpha p_2 \ldots \alpha p_n$.

Le patron 00...0 est inclus dans tous les autres, et 11...1 inclus tous les autres. Ils font donc partie de toutes les échelles.

Les *générateurs* d'un ensemble P de patrons de réponses sont les patrons de P que ne sont pas le produit d'autres patrons distincts de P. Pour un ensemble de patrons empiriques, il y a donc deux systèmes de générateurs, définis par rapport à chacune des deux opérations.

Enfin, nous disons que les échelles $E_1 \ldots E_n$ sont les dimensions de l'univers correspondant à P si :

— tous les patrons-types de ces échelles sont des générateurs,

— tous les générateurs de P font partie d'une des E_i,

— les générateurs sont groupés en échelles de telle sorte que le nombre des E_i soit minimum.

7.3.2 — Technique d'analyse

Le problème pratique qui se pose, devant un ensemble P de patrons empiriques, c'est d'en trouver les générateurs par rapport à l'opération (produit conjonctif ou produit disjonctif) qu'on aura décidé d'utiliser.

On représentera P par un graphe, dont chaque sommet sera constitué par un patron et les relations d'inclusion par des flèches ; pour simplifier le graphe, on tiendra compte du fait que la relation d'inclusion est transitive : si $p_1 \alpha p_2$ et $p_2 \alpha p_3$, on n'aura pas besoin de noter $p_1 \alpha p_3$ qui peut être inféré à partir des deux premières relations.

Puisqu'un patron ne peut être le produit disjonctif que de patrons qu'il inclut, il suffira de vérifier si certains de ceux-ci ont comme produit le patron considéré, sans avoir besoin d'examiner ceux qu'il n'inclut pas.

Dans le cas conjonctif, on ne s'occupera que des patrons inclus dans le patron considéré.

On repère ainsi les générateurs avec les relations d'inclusion qui existent entre eux, et constitue des ensembles de générateurs « scalables », en en prenant un par score. Ce sont les « dimensions » cherchées, qui définissent chacune un ordre sur les items. Comme nous le verrons, dans certains cas les générateurs peuvent être regroupés en échelles de plusieurs façon. Il est donc possible de trouver plusieurs systèmes de dimensions qui rendent compte d'un même ensemble de résultats empiriques.

Chacune des deux opérations étant utilisée séparément, on a donc toujours deux types de solutions : une disjonctive et une conjonctive. Ce n'est que sur des critères non formels qu'on peut choisir entre elles.

Prenons l'exemple avec 5 items :

a	b	c	d	e
0	0	0	0	0
0	0	1	0	0
0	1	0	0	0
1	0	0	0	0
1	0	1	0	0
1	1	0	0	0
1	0	0	1	0
0	0	1	1	1
0	1	0	1	1
1	1	1	0	0
1	0	1	1	0
1	0	0	1	1
0	1	1	1	1
1	0	1	1	1
1	1	0	1	1
1	1	1	1	1

A chaque score correspondent plusieurs patrons, on n'a donc pas une échelle unidimensionnelle.

Nous mettons sur une même ligne les patrons de même score,

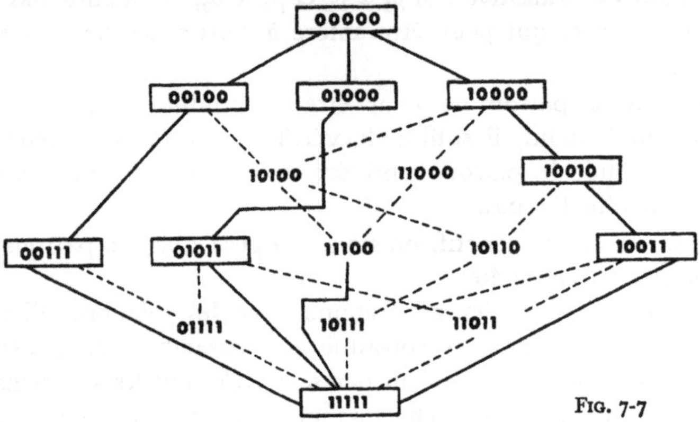

Fig. 7-7

en reliant les patrons qui « scalent » c'est-à-dire unis par la relation d'inclusion (la figure 7.7 correspond au modèle disjonctif, et 7.8 au modèle conjonctif. Les générateurs sont encadrés).

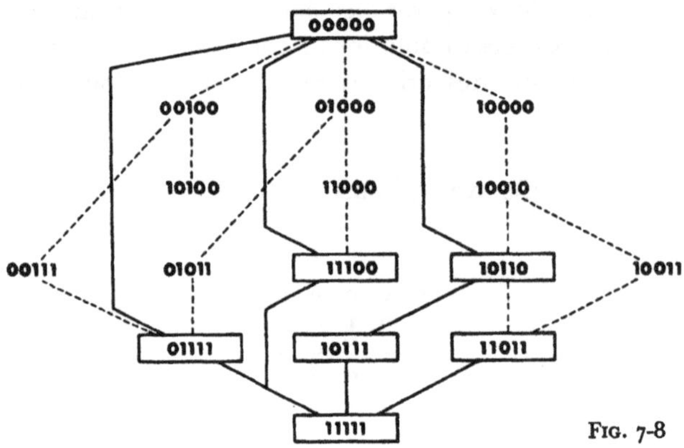

Fig. 7-8

Les échelles disjonctives indépendantes correspondent aux patrons primaires :

I					II					III				
										0	0	0	0	0
0	0	0	0	0	0	0	0	0	0	1	0	0	0	0
0	0	1	0	0	0	1	0	0	0	1	0	0	1	0
0	0	1	1	1	0	1	0	1	1	1	0	0	1	1
1	1	1	1	1	1	1	1	1	1	1	1	1	1	1

On a donc les trois dimensions caractérisées par les ordres suivants des items :

$$\begin{array}{ll} \text{I} & c\ \overline{de}\ \overline{ab} \\ \text{II} & b\ \overline{de}\ \overline{ac} \\ \text{III} & a\ d\ e\ \overline{bc} \end{array}$$

De la même façon, nous trouvons les dimensions conjonctives :

$$\begin{array}{lll} \text{I} & \overline{bcde} & a \\ \text{II} & \overline{abc} & de \\ \text{III} & \overline{acd} & eb \\ \text{IV} & \overline{abde} & c \end{array}$$

(Les items surlignés ont le même rang selon la dimension considérée).

Seuls des critères extérieurs peuvent nous permettre de choisir entre les deux modèles. On peut tenir compte en particulier :

— du nombre de dimensions,
— de la vraisemblance des modèles conjonctif ou disjonctif,
— de la simplicité de l'interprétation.

Un autre critère peut être à l'écart entre P et le produit des dimensions. En effet, on trouve souvent que les dimensions qui rendent compte de tous les patrons de **P** supposent en plus l'existence d'autres patrons.

Dans notre exemple, le produit des dimensions disjonctives contient en plus des patrons observés, les patrons 01100, 11010, 11110. Les dimensions conjonctives donnent les patrons supplémentaires 01100, 00011, 00110. Dans ce cas, le nombre de patrons supplémentaire est le même, et on ne peut choisir que sur la vraisemblance de ces patrons. En effet, en admettant l'existence de ces dimensions, on a admis en même temps que les patrons supplémentaires étaient possibles, et que ce n'est qu'accidentellement qu'ils sont absents.

7.3.3 — Relation avec le modèle conjonctif-disjonctif

Les dimensions ainsi dégagées satisfont le modèle conjonctif-disjonctif. Considérons d'abord le cas des dimensions disjonctives. D'après nos hypothèses, l'existence de deux patrons appartenant à des dimensions distinctes entraîne l'existence d'un troisième patron, leur produit.

D'après la définition du produit disjonctif, pour que la réponse

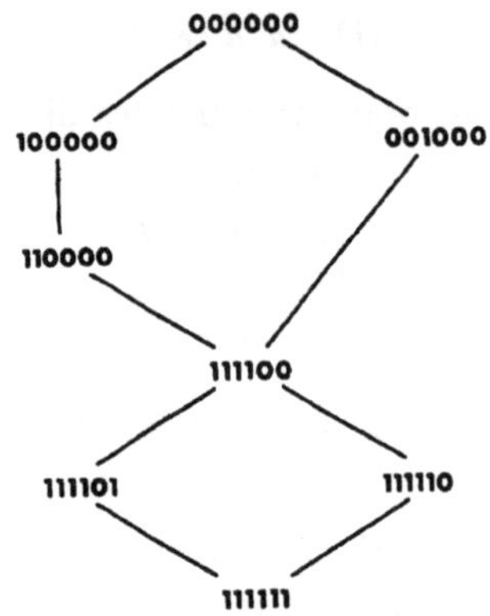

FIG. 7-9 — *Relations entre générateurs.*

à un item particulier d'un patron produit soit 1, il suffit que la réponse correspondante d'un des patrons primaires soit 1. Autrement dit, il suffit qu'une des composantes du sujet (caractérisé par le patron)

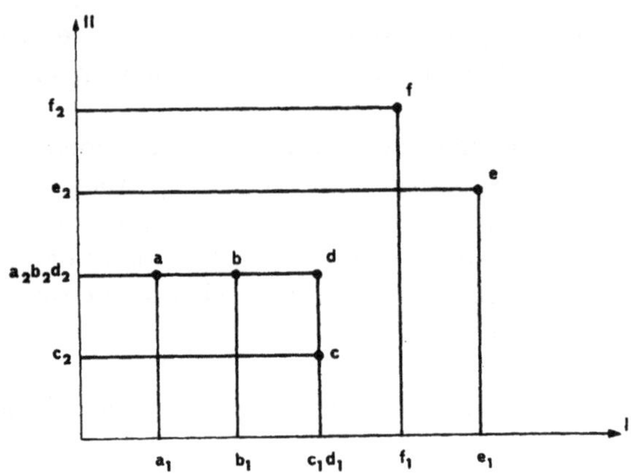

FIG. 7-10 — *Une des représentations géométriques possibles.*

soit supérieure à la composante correspondante de l'item. C'est bien la définition du modèle disjonctif de Coombs et Kao.

On montre de la même manière que les dimensions conjonctives sont celles du modèle conjonctif.

Lorsque les générateurs forment des échelles ne comprenant pas de patrons communs, comme dans les exemples ci-dessus, la représentation géométrique correspondante est unique. Ce n'est toutefois pas toujours le cas ; la figure 7.9 donne un exemple où les dimensions se « coupent », et ou plusieurs représentations différentes rendent compte des mêmes données.

Si nous tenons à conserver la représentation géométrique, et parler de « dimensions », plusieurs décompositions sont possibles :

a) I : a, b, $\overline{cd}$, f, e
   II : c, $\overline{abd}$, e, f

b) I : a, b, $\overline{cd}$, e, f
   II : c, $\overline{abd}$, f, e

c) I : a, b, $\overline{cde}$, f
   II : c, $\overline{abd}$, f, e

d) I : a, b, $\overline{cd}$, f, e
   II : c, $\overline{abdf}$, e

(Les items surlignés occupent le même rang).

Il n'y a, *a priori*, aucune raison de choisir une de ces relations plutôt qu'une autre, les quatre rendant compte exactement des mêmes patrons. De plus, il est évident que ces quatre décompositions expriment une structure commune, et c'est celle-ci qui est vraiment importante.

Dans de tels cas, il est préférable de renoncer à la représentation géométrique, et de remplacer chaque patron par le nom de l'item qui apparaît pour la première fois. On obtient la figure 7.11, dont l'interprétation est relativement aisée :

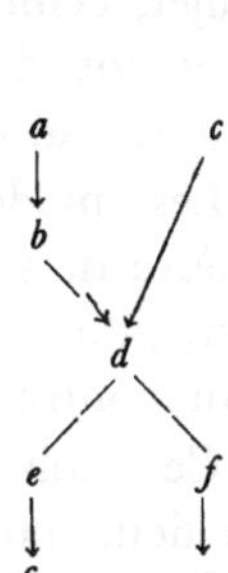

FIG. 7-11

— il est possible de donner la réponse « 1 » à l'item *a* ou à l'item *c*, indépendamment des autres.

— pour donner la réponse « 1 » à l'item *d*, il faut avoir répondu « 1 » soit à *a* et à *b*, soit à *c*.

— *a* et *b* forment une échelle.

— les items *e* et *f* sont indépendants ; ne donnent la réponse « 1 » à ces items que le sujet ayant répondu « 1 » à *a*, *b*, *e* et *d*.

L'interprétation peut s'avérer compliquée, surtout lorsque certains items apparaissent à plusieurs endroits du graphe, mais elle peut se faire selon les mêmes principes, c'est-à-dire en s'appuyant sur le fait que la relation $a \to b$ indique que tous les sujets qui ont répondu « 1 » à b ont répondu « 1 » à a dans l'échelle considérée. Nous y reviendrons plus loin.

On voit que les « dimensions » du modèle considéré n'ont pas les propriétés des droites euclidiennes. En particulier, leur « intersection » a de toutes autres propriétés.

De façon générale, l'interprétation géométrique des résultats obtenus peut induire en erreur si on pousse l'analogie trop loin. Par leur nature même, ces données n'ont rien de métrique, et ce n'est qu'artificiellement qu'on peut arriver, dans certains cas, à les représenter dans un espace euclidien.

7.4 — *INTERPRÉTATIONS*

7.4.1 — Signification des modèles

Une interprétation du modèle conjonctif-disjonctif peut être la suivante : il arrive souvent que, lorsqu'on pose une question à un sujet, celui-ci ait envie de répondre « oui d'un certain point de vue, et non d'un autre point de vue ». Néanmoins, on exige de lui qu'il dise oui ou non.

Les modèles conjonctif et disjonctif correspondent à deux manières de se décider pour l'une ou l'autre des réponses : on peut exiger, pour répondre « oui », d'être d'accord à tous points de vue, ou au contraire se contenter d'un accord partiel.

Ce choix peut être l'effet de l'attitude des sujets ; on aurait alors deux populations, ce cas est difficile à étudier. Mais il peut être aussi déterminé par la nature même de la question ou de la tâche.

Par exemple, pour comprendre un traité de mathématiques en russe, il est nécessaire de connaître à la fois le russe et les mathématiques. Si nous considérons la « compréhension d'un manuel donné » comme un item, il est clair que celui-ci sera conjonctif, puisque les sujets qui ne connaissent que le russe ou que les mathématiques ne le comprendront pas.

En revanche, si un certain poste est accordé à des personnes connaissant le russe ou les mathématiques, nous aurons, avec les mêmes dimensions, des items disjonctifs.

Ces exemples apparaissent comme artificiels pour plusieurs raisons, qui tiennent à la nature même du modèle :

— Le modèle accorde la même importance à toutes les dimensions alors qu'en fait c'est rarement le cas. Par exemple, un individu peut exiger, pour voter en faveur d'un parti, d'être d'accord avec tous les points de son programme (attitude conjonctive) mais faire une exception si un parti le satisfait particulièrement sur un point bien déterminé, qui lui tient à cœur.

— On ne prévoit pas de compensations entre dimensions. Si nous reprenons l'exemple du traité de mathématiques en russe, il est raisonnable de penser que quelqu'un qui connaît déjà très bien les mathématiques pourra se contenter, pour comprendre le livre, de notions de russe relativement faibles, et inversement ; c'est pour tenir compte de cela que le modèle à compensation a été développé.

Selon ce modèle, il est possible à un sujet très faible selon une des composantes, de dominer un item, à condition d'être suffisamment fort selon une autre composante. Puisqu'on admet que la limite est constituée par un hyperplan, la compensation postulée est la même pour toutes les dimensions. On pourrait évidemment imaginer d'autres formes de coupures qui introduiraient des compensations plus fines ; il est toutefois probable qu'il en résulterait une grande confusion conceptuelle due à la trop grande généralité des modèles ainsi élaborés et que d'autre part de tels modèles se révèleraient pratiquement trop difficiles à manipuler.

Nous avons vu que, dans certains cas, le modèle algébrique pouvait se ramener au modèle conjonctif-disjonctif. L'interprétation en sera donc la même. Toutefois, dans les cas où la correspondance entre les deux modèles n'est pas satisfaisante, on pourra analyser directement les relations entre items, comme nous l'avons fait pour l'exemple de la section 7.3.3.

Pour systématiser l'interprétation de tels résultats, nous allons examiner certaines des relations pouvant exister entre trois items, et qui constituent des généralisations de la relation d'ordre des échelles parfaites.

La figure 7.12 peut s'interpréter de la façon suivante : « *a* et *b* sont indépendants entre eux, et indépendants de *c* ».

Pour donner la réponse « 1 » à *c*, il faut avoir répondu à *a* ou à *b*.

La figure 7.13 représente le cas ou, comme précédemment, *a* et *b* sont indépendants, mais où ne répondent « 1 » à *c* que ceux qui ont répondu « 1 » à *a* et à *b*.

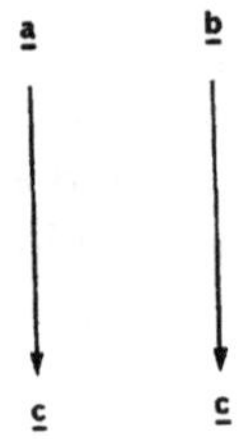

FIG. 7-12

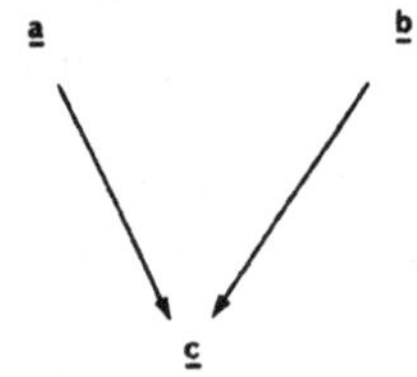

FIG. 7-13

On généralise ainsi à des combinaisons d'items la relation d'ordre qui, dans le modèle de Guttman, n'est définie qu'entre items isolés.

7.4.2 — COMPARAISON AVEC L'ANALYSE FACTORIELLE

Les modèles d'analyse hiérarchique multidimensionnelle exposés ici présentent certaines ressemblances avec l'analyse factorielle : dans chaque cas, l'idée de départ est de remplacer un ensemble de données liées les unes aux autres par un plus petit nombre de variables indépendantes. D'ailleurs, Coombs et Kao, qui appellent leur méthode « analyse factorielle non métrique » s'inspirent très nettement du modèle factoriel : comme dans ce cas, leur problème est de déterminer la dimensionnalité d'un espace où on représente les sujets par des points et les tests, ou les items, par des vecteurs. Mais nous avons vu que l'analogie ne peut pas être poussée très loin, l'absence de métrique entraînant la modification de propriétés importantes. La structure algébrique des deux types de modèles n'est d'ailleurs pas la même.

Les différences portent sur la nature de la relation de dépendance dont on tient compte, et le fait qu'un des modèles est probabiliste et l'autre déterministe.

La relation de base de l'analyse factorielle classique est la corrélation entre deux variables. C'est une relation symétrique : l'existence d'une corrélation entre deux variables est attribuée à un facteur commun, dont l'importance est d'autant plus grande que la corrélation est plus forte. C'est donc une relation d'équivalence partielle.

L'analyse hiérarchique, comme ses généralisations, porte sur des relations d'inclusion entre groupes de sujets, qu'on peut interpréter comme des relations d'implication entre items. Les « dimensions » de l'analyse hiérarchique multidimensionnelle ne représentent donc plus de parties communes aux items, mais des suites d'inclusions. De ce point de vue, on pourrait la rapprocher du modèle du *simplex* de Guttman [17, chapitre 6].

Il ne faut pas confondre les deux notions. En particulier, les « dimensions » hiérarchiques n'ont pas *a priori* de relation avec les « facteurs » qu'on dégagerait par une analyse factorielle portant sur les coefficients de contingence entre items, les deux analyses étant effectuées sur les mêmes données.

L'interprétation des dimensions est encore plus difficile que celle des facteurs. En effet, l'analyse factorielle portant sur des données métriques, il est possible de trouver qu'un facteur ne sature que peu ou pas un test, ou au contraire que cette saturation est proche de 1. Il est aussi possible de comparer les saturations d'un même test selon différents facteurs, puisque ces saturations sont exprimées par des nombres. Cela aura donc un sens de dire qu'un test est plus saturé dans un facteur que dans un autre. De telles constatations sur lesquelles on s'appuie pour l'identification des facteurs ne sont pas possibles en analyse ordinale. Nous ne disposons pas de zéro sur les axes et donc ne pouvons jamais affirmer qu'une dimension n'intervient pas dans un item. Faute de métrique, donc d'unité commune, des comparaisons entre composantes selon les axes différents sont impossibles. Tout ce dont on dispose, ce sont des ordres de composantes selon les différentes dimensions. Par exemple, on pourra dire qu'un item est le plus faible, ou le plus fort selon une certaine dimension, qu'il vient avant un certain item selon une dimension et après lui selon une autre. Toutes ces informations sont faibles, et aident peu pour l'interprétation des résultats.

7.4.3 — Interprétation de la multidimensionnalité

Il peut arriver que l'ordre des composantes de deux items soit le même selon toutes les dimensions. C'est le cas dans la figure 7.14.

Cela se produit lorsque les combinaisons de réponses sont 0 0, 10 et 1 1, autrement dit lorsque ces deux questions forment une échelle (unidimensionnelle parfaite).

Cela soulève un très sérieux problème d'interprétation de dimensions, et en particulier de l'interprétation de l'unidimensionnalité. Jusqu'à présent, nous avons considéré que si des items formaient

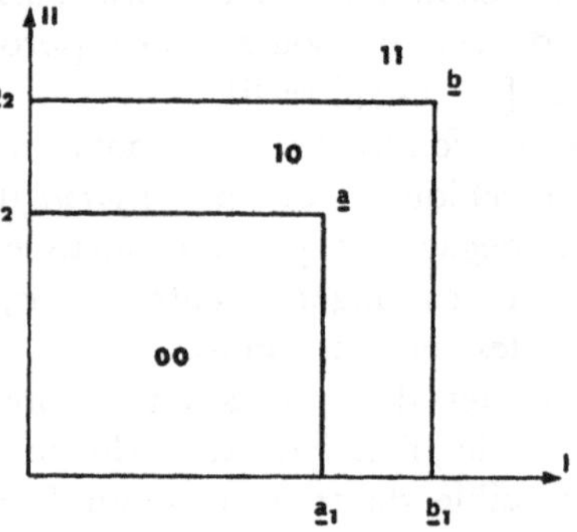

Fig. 7-14

une échelle parfaite ils définissaient par cela même une dimension. Or, nous constatons ici qu'un univers peut être multidimensionnel, bien que certains des items qui le constituent soient « scalables ».

C'est qu'il faut bien distinguer deux cas :

— On définit, par une analyse de la signification des items ou autrement, un univers qu'on désire étudier. On constitue un échantillon *représentatif* des items de cet univers, et analyse les combinaisons de réponses. Si celles-ci sont compatibles avec un modèle unidimensionnel (ou n-dimensionnel), on peut conclure que l'univers lui-même est uni ou n-dimensionnel.

— On *choisit* quelques items se rapportant au domaine étudié et qui se trouvent constituer une échelle. Par définition, on peut dans ce cas les ordonner selon une seule dimension. Mais on ignore à quel univers on peut étendre cette conclusion ou, en d'autres termes, quelle est cette dimension. On peut évidemment définir opérationnellement la dimension par l'échelle et obtenir ainsi un instrument de mesure qui classe les sujets de façon non ambiguë, mais on ne sait pas s'il s'agit bien de la variable qu'on cherchait à étudier au départ, puisque les items de l'échelle ont été sélectionnés et ne sont donc plus représentatifs de l'univers initial.

Reprenons l'exemple des traités de mathématiques en russe. L'univers qu'ils constituent est manifestement bi-dimensionnel. On pourra vérifier ce point en en prenant un échantillon aléatoire, et en demandant à un groupe de sujets lesquels de ces traités ils comprennent. Il est à peu près certain que nous trouverons que ces différents ouvrages ne sont pas « scalables », mais satisfont le modèle bi-dimensionnel conjonctif.

Mais il est toujours possible d'en choisir quelques-uns qui forment une échelle, c'est-à-dire tels que tous ceux qui comprennent le premier, comprennent également le second, sans que l'inverse se produise. Si nous ne conservons que ces livres-là, nous pourrons bien les ordonner, ils pourront nous servir à ordonner des sujets, mais sans que nous sachions selon quelle variable nous le faisons.

En effet, en supposant que nous sachions, au départ, ce qui n'est généralement pas le cas, que deux dimensions interviennent : le russe et les mathématiques, plusieurs cas sont possibles :

- — les ouvrages forment une échelle parce que chacun est plus difficile que les précédents à la fois en mathématiques et en russe;
- — le niveau de russe reste constant, et ce sont les connaissances mathématiques nécessaires qui varient;
- — ou bien, le niveau mathématique restant constant, le niveau russe varie.

Sans avoir recours à la comparaison avec d'autres ouvrages, ou à une analyse d'un autre type, nous ignorons dans quel cas nous nous trouvons, et donc quelle est la variable sous-jacente.

Du fait que des items sélectionnés forment une échelle unidimensionnelle, on peut donc :

- — ordonner les sujets et les items, mais sans savoir selon quelle variable;
- — conclure que dans l'item $n+1$ intervient tout ce qui intervient dans l'item n, mais sans savoir clairement ce que c'est.

En revanche si nous définissons à l'avance un univers, et si nous en analysons un échantillon représentatif, nous pouvons conclure que cet univers est bien uni ou bi-dimensionnel.

Toute la difficulté réside dans la notion d'échantillon représentatif d'items que nous avons déjà discuté au chapitre 2. Dans l'exemple ci-dessus, l'univers des « traités de mathématiques en russe » est suffisamment bien défini, et de plus, cela a un sens d'en prendre un échantillon aléatoire. Cela devient beaucoup plus difficile lorsque l'univers à étudier est plus vaste et moins nettement délimité, comme par exemple « les problèmes arithmétiques » ou « les questions portant sur l'attitude relative à un certain produit ». Ces domaines ne sont pas suffisamment bien définis pour que cela ait un sens de constituer un échantillon aléatoire des problèmes arithmétiques ou des questions possibles sur le produit étudié.

7.5. — *ANALYSE DES ITEMS ET ANALYSE DES SUJETS*

Les modèles présentés ici permettent d'ordonner les items selon chacune des n dimensions dégagées, et donc de caractériser chacun d'eux par n rangs. Il serait intéressant de pouvoir faire la même chose sur les sujets. Cela n'est toutefois pas possible, certains patrons correspondant à plusieurs rangs sur une partie des dimensions. La figure 7.15 en donne un exemple à deux dimensions conjonctives et quatre items. On peut établir les correspondances suivantes :

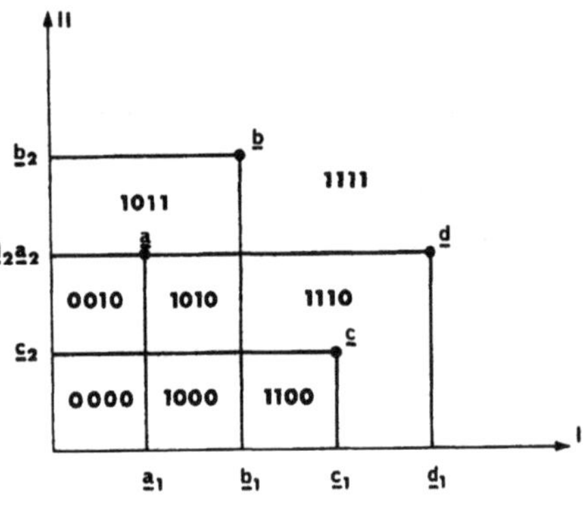

FIG. 7-15

item		
item	*a*	1,2
	b	2,3
	c	3,1
	d	4,2

Tous les items sont bien ordonnés selon les deux dimensions. Si nous essayons de faire la même chose avec les sujets, ce n'est possible que pour une partie d'entre eux :

0 0 0 0	1,1
1 0 0 0	2,1
1 1 0 0	3,1
0 0 1 0	1,2

Pour les autres patrons, il n'est pas possible de trouver une telle correspondance ; on ne peut pas les ordonner selon les deux dimensions. C'est une conséquence importante du fait que le modèle est purement ordinal : les « dimensions » dégagées n'ont pas les propriétés des dimensions d'un espace euclidien, et on ne peut pas représenter l'ensemble des patrons dans le produit cartésien des composantes selon les différentes dimensions. On retrouve ici une limite de l'interprétation géométrique de Coombs et Kao.

Cette limitation a des conséquences pratiques importantes : du fait qu'on ne peut pas attribuer à chaque sujet un rang selon chaque dimension, il n'est pas possible d'étudier les relations entre les dimensions trouvées et d'autres variables, ce qui notamment pourrait aider à l'identification de ces dimensions : on ne peut pas calculer de corrélation entre une dimension et une autre variable, comme on le fait lorsqu'on dispose d'une échelle unidimensionnelle.

On pourrait tourner la difficulté en utilisant la dualité entre sujets et items, et effectuer l'analyse non plus à partir des « patrons-sujets », comme nous l'avons fait, mais des « patrons-items », c'est-à-dire à partir des colonnes de la matrice sujets-items, et non des lignes. On obtiendrait alors des ordres sur les sujets, et pas sur les items. Cette manière de faire est théoriquement justifiée, mais pratiquement n'est pas applicable. En effet, dans le cas de l'analyse des items, telle que nous l'avons exposée jusqu'ici, on se fonde sur l'absence de certains patrons pour inférer l'existence de contraintes qu'on interprète comme des relations entre items. Pour pouvoir valablement tenir compte de l'absence d'un patron, il faut évidemment qu'elle ne puisse pas être attribuée au fait qu'on disposait de trop peu de sujets. Si le nombre de sujets est inférieur au nombre total de patrons possibles, certains seront nécessairement absents, et cela pourra nous amener à inférer des relations qui ne représentent que des insuffisances aléatoires de l'échantillon. Il est donc indispensable que le nombre de sujets soit au moins égal au nombre de patrons possibles. Avec un questionnaire de *k* items, il faut donc en principe disposer de 2^K sujets. Cela est souvent possible. En revanche, si on désire renverser les rôles, pour étudier la structure des sujets, il faudra proposer 2^N items à N sujets, ce qui est le plus souvent impraticable ; de plus, toute augmentation du nombre de sujets, en vue d'améliorer l'échantillon, accroîtra exagérément le nombre d'items nécessaires. D'ailleurs, l'interprétation du produit de deux patrons-items présente des difficultés : ce serait un nouvel item, auquel répondraient « 1 » les sujets appartenant à l'union des ensembles de sujets ayant répondu « 1 » à chacun des deux items initiaux. Cela a certainement beaucoup moins de signification concrète que dans le cas du produit de patrons-sujets, sauf si on admet la conception de Guttman selon laquelle il existerait un « univers de contenu » bien déterminé, dont les items choisis constitueraient un échantillon. Dans ce cas, l'hypothèse nous renseignerait sur la structure de cet univers. Si on n'admet pas l'existence d'un tel univers, défini et prédéterminé, l'hypothèse devient : « Il est possible de construire un item tel que l'union (ou l'intersection) des ensembles de sujets ayant répondu « 1 » à deux autres items, répondent également « 1 » à celui-ci ». Dans un domaine où on dispose d'une certaine liberté dans le choix et la construction des items, une telle hypothèse a peu de signification.

Ainsi, en généralisant le modèle de Guttman à un nombre quelconque de dimensions, nous avons perdu une propriété précieuse, la possibilité d'analyser simultanément la structure des items et celle des sujets. Les modèles exposés ici sont intéressants pour étudier la structure d'un ensemble d'items, mais non en tant qu'instrument de mesure s'appliquant aux sujets.

8 — EXEMPLES D'UTILISATION DE L'ANALYSE HIÉRARCHIQUE

8.1 — *APPLICATIONS AUX ÉTUDES DE MARCHÉ*

Nous avons groupé dans ce chapitre quelques exemples d'utilisation pratique de l'analyse hiérarchique dans des études commerciales, extraits d'études effectuées par le département de psychosociologie appliquée de la SEMA. A dessein, nous avons choisi des exemples où la théorie ne s'applique pas facilement, afin de mieux mettre en évidence les difficultés que peut rencontrer le praticien.

8.1.1 — Mesure de la prédisposition a faire du cinéma d'amateur

Afin de prévoir certains aspects de l'évolution du marché des caméras pour cinéastes amateurs, on a construit une échelle d'attitude vis-à-vis du cinéma d'amateur. Elle comportait les quatre questions fermées suivantes, chaque sujet ayant le choix entre quatre réponses :

a. *Avez-vous envie de faire du cinéma d'amateur ?*

3 — Très envie,
2 — Assez envie,
1 — Pas tellement envie,
0 — Très peu envie.

b. *Pensez-vous que dans l'année qui vient vous allez acheter une caméra ?*

3 — C'est très probable,
2 — C'est possible,
1 — C'est très peu probable,
0 — Non, sûrement pas.

c. *Et d'ici cinq ans, pensez-vous que vous aurez une caméra ?*

3 — Oui, sûrement,
2 — Oui, probablement,
1 — Ce n'est pas impossible,
0 — Je ne le crois pas.

d. *Et si le prix des caméras baissait, pensez-vous que vous en achèteriez une d'ici cinq ans ?*

3 — C'est à peu près sûr,
2 — C'est probable,
1 — Je ne le crois pas,
0 — Sûrement pas.

Si les questions étaient simplement dichotomiques, il est évident qu'on devrait obtenir l'ordre *a. d. c. b.* En effet, il semble bien que si un sujet n'éprouve aucune envie de faire du cinéma d'amateur, il est peu probable qu'il prévoie l'achat d'une caméra au cours des prochaines années. Toutefois, certains sujets peuvent comprendre la question de façon différente et donner une réponse négative parce que, à cause du prix élevé, l'achat d'une caméra leur apparaît comme très lointain et qu'ils ne l'ont de ce fait jamais envisagé. Si toutefois nous constatons l'existence d'une échelle, nous pourrons en conclure que les sujets auront bien, dans leur majorité, compris les questions de la même façon. C'est là une information importante qu'il serait difficile d'obtenir par d'autres techniques.

Les trois autres items font intervenir deux « facettes » : le prix et la date de l'achat. Elles n'ont pas été combinées systématiquement car ce qui était intéressant, c'était de pouvoir ordonner les sujets du point de vue de leur propension à acheter une caméra, et non d'analyser de façon précise l'influence du temps et celle du prix.

Dans un questionnaire comme celui-ci, où on interroge des sujets sur des intentions qui peuvent être encore très vagues, il est impossible d'exiger d'eux un choix entre deux réponses seulement. Il était donc indispensable d'en proposer plusieurs, ce qui peut masquer la cohérence de l'échelle, puisque nous ignorons au départ les relations qui peuvent exister entre deux réponses à des questions différentes. L'ordre *a. d. c. b.*, parfaitement normal dans le cas dichotomique, ne l'est plus maintenant, et il est indispensable de vérifier l'existence de relations entre les réponses. On est d'autant moins certain de trouver un tel ordre que les réponses proposées aux quatre questions sont différentes, ce qui était indispensable pour éviter les réactions stéréotypées. De plus, des pré-tests avaient montré que si on formulait les réponses à la question *b.* dans les mêmes termes que celles de la question *c.*, on obtiendrait trop peu de réponses « oui, sûrement », à *b.* ce qui diminuerait le pouvoir discriminatif de l'item.

Ainsi, bien qu'il soit raisonnable de penser que le domaine défini pour ces quatre questions ci-dessus soit uni-dimensionnel, rien ne nous garantit qu'on obtiendra bien une échelle.

En fait, les résultats ont montré que le coefficient de reproductibilité est de 0,85, si on attribue à chaque sujet le rang de son score. On a donc une semi-échelle satisfaisante, avec l'ordre suivant des réponses :

c 1, *d* 1, *d* 2, *a* 1, *a* 2, *b* 1, *c* 2, *d* 3, *a* 3, *c* 3, *b* 2, *b* 3.

Les quatre questions avec leurs quatre réponses peuvent être représentées par leurs caractéristiques (fig. 8.1).

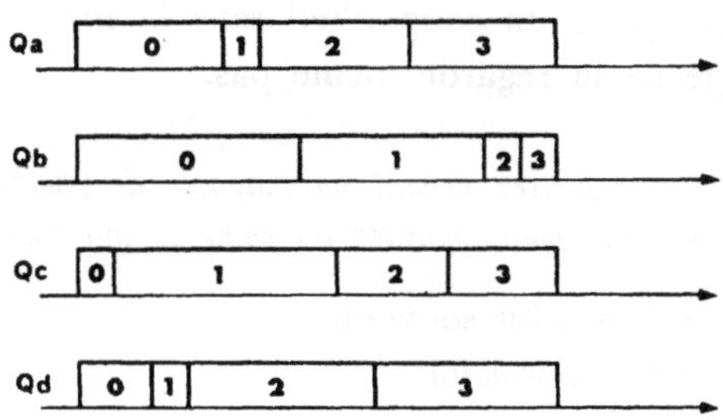

FIG. 8-1

L'interprétation des ordres des réponses est difficile. Comme prévu, nous voyons que la question *b.* est, dans l'ensemble, la plus « difficile » : en effet, c'est celle qui fait intervenir une décision rapprochée ; *d.* semble être la plus « facile », pour des raisons symétriques. On voit bien sur cet exemple qu'il est difficile d'interpréter l'échelle elle-même et que sa principale utilité est de constituer un instrument de mesure valable.

Le classement des sujets au moyen de cette échelle s'est révélé avoir un sens puisqu'il présente des corrélations significatives avec l'âge, le milieu socio-culturel, le niveau d'instruction, le fait de faire ou non beaucoup de photos, etc...

Pour améliorer l'instrument, et aussi pour l'intérêt direct que le problème présente pour l'abord des problèmes publicitaires, on a essayé de mettre au point une échelle d'activité dans la recherche d'information (quatrième composante principale). Les questions retenues étaient les suivantes :

a. *Vous arrive-t-il de parler en famille de la possibilité pour vous d'acheter une caméra ?*

3 — Oui, très souvent,
2 — Oui, cela n'arrive quelquefois,
1 — Oui, mais très rarement,
0 — Non, jamais.

b. *Quand vous voyez dans des journaux ou des revues de la publicité sur un modèle de caméra, que faites-vous en général ?*

3 — Je la lis très attentivement,
2 — Je lis ce qui est écrit en grosses lettres,
1 — J'y jette un coup d'œil sans la lire,
0 — Je ne la regarde même pas.

c. *Et quand vous passez devant un magasin de photos et de caméras, vous arrêtez-vous pour regarder les caméras qui sont en vitrine ?*

3 — Oui, le plus souvent,
2 — Oui, quelquefois,
1 — Très rarement,
0 — Jamais.

d. *Vous arrive-t-il d'interroger des gens possédant une caméra sur les différents modèles d'appareils que l'on peut acheter ?*

3 — Cela m'arrive souvent,
2 — Cela m'arrive quelquefois,
1 — Cela n'est peut-être arrivé une fois,
0 — Cela ne m'est jamais arrivé.

Cette échelle est également à peu près satisfaisante ($Cr = 0{,}84$). Il est donc possible d'ordonner les sujets selon leur degré de préoccupation relative à l'achat d'une caméra.

Toutefois, la relation entre l'échelle de contenu (attitude vis-à-vis du cinéma amateur) et cette échelle de degré de préoccupation n'a pas donné la relation en M prévue ; on constate au contraire une relation monotone, le degré de préoccupation croissant lorsqu'on passe des sujets les moins favorables aux plus favorables.

Ce résultat peut s'expliquer à la fois par la nature des questions particulières qui ont été retenues, et par les caractéristiques spécifiques de la recherche d'information en matière de cinéma amateur. Premièrement, il faut remarquer que le domaine étudié par l'échelle de contenu est tel qu'il est peu vraisemblable de trouver des sujets véritablement hostiles ; il n'y a donc pas lieu de prévoir la moitié « négative » du M. De plus, on ne se trouve pas en présence d'une véritable situation de choix : une personne peu ou pas intéressée par le cinéma amateur n'a aucune raison de chercher à s'informer à ce sujet. Ces considérations nous amènent à considérer comme possibles deux types de courbes : une courbe croissante puis décroissante, qu'on obtiendrait si les sujets cessent de s'informer une fois la décision prise, ou une courbe monotone croissante, qui nous indiquerait que même ceux qui ont pris une décision continuent à s'informer, donc que l'information joue un rôle plus large que celui de guider l'achat. En effet, les possesseurs de caméras, surtout ceux qui sont vraiment intéressés, continuent vraisemblablement à s'informer, à faire des comparaisons, à se tenir au courant des perfectionnements techniques, de l'évolution des prix, etc... Les résultats montrent que nous nous trouvons dans ce dernier cas, nous donnant ainsi des indications intéressantes sur le rôle de la publicité en matière de caméras.

8.1.2 — Comparaison du degré d'attachement à deux tissus

Au cours d'une étude du marché d'un tissu A, il s'est posé le problème d'analyser la concurrence que lui fait le tissu B, qui peut se substituer à lui pour un grand nombre d'usages. Afin de déterminer quelle fraction de la population préfère chacun de ces textiles, on a construit une échelle d'attachement qui mesure celui-ci par les inconvénients qu'on est disposé à subir avant d'abandonner la fibre qu'on préfère, toutes choses égales d'ailleurs. Les deux variables servant de référence étaient le prix et la coupe du vêtement considéré.

Voici les questions retenues :

a. *Si vous aviez l'intention d'acheter un ensemble de demi-saison, et si vous trouvez dans un magasin deux ensembles qui coûtent le même prix (à peu près le prix que vous voulez mettre) et qui vous vont aussi bien l'un que l'autre, mais dont l'un est en* A *et l'autre en* B, *lequel choisiriez-vous ?*

(à ceux qui ont répondu A) :

b. *Si l'ensemble* A, *tout en allant aussi bien que l'autre coûtait* 5 000 *frs de plus, choisiriez-vous celui-là ou celui en* B ?

(à ceux qui ont répondu A) :

c. *Et s'il coûtait* 10 000 *frs de plus ?*

(à tous ceux qui ont répondu A à la question *a.*) :

d. *Et si l'ensemble en question en* B, *tout en coûtant le même prix que l'ensemble* A, *vous allait un peu mieux, que choisiriez-vous, l'ensemble* A *ou l'ensemble* B *?*

Des questions semblables aux questions *b.*, *c.*, *d.*, mais où on a remplacé A par B, sont posées aux sujets qui, à la question *a.*, ont déclaré préférer le tissu B.

La question *a.* nous renseigne sur une préférence très générale pour l'un des tissus. Les questions suivantes peuvent être considérées comme construites à partir de deux « facettes », le prix et la coupe. Pour abréger le questionnaire, au lieu de poser toutes les questions qu'on pourrait obtenir par combinaison des différents prix et des coupes, on a admis que les sujets répondent de façon cohérente ; par exemple, si un sujet a répondu à la question *a.* qu'il préfère l'ensemble A, on admet, sans poser la question, qu'il continuera à le préférer si B coûte 5 000 frs de plus. Cela permet de ne poser à chaque sujet que 3 ou 4 questions.

Pour chacun des deux tissus, les questions *a.*, *b.* et *c.* donnent nécessairement une échelle, puisque les sujets n'ont pas l'occasion de donner des réponses incohérentes. A partir de ces seules questions, il serait possible d'ordonner sans ambiguïté les sujets du plus favorable à A au plus favorable à B, à condition de postuler qu'il s'agit bien d'une échelle bipolaire, et que les deux préférences sont incompatibles. Toutefois, ne mesurer l'attachement à une fibre que par l'intermédiaire du prix peut introduire des déformations puisqu'on pose les mêmes questions à des personnes dont la sensibilité au prix peut être très différente. C'est la raison pour laquelle on a préféré ajouter une autre « facette », la coupe du vêtement en question, ce qui donnait la possibilité d'estimer l'attachement au tissu d'un autre point de vue.

Les résultats montrent que dans chaque population (préférant A ou préférant B), les questions *a.*, *b.*, *c.* d'une part, et *a.*, *b.*, *d.* d'autre part, forment des échelles satisfaisantes. Cette dernière échelle est la plus intéressante, car elle fait intervenir les deux variables, prix et coupe. On peut ainsi constituer 6 groupes de sujets, ordonnés du plus favorable à A au plus favorable à B :

I — Préfèrent A, même si le vêtement coûte 5 000 frs de plus et si la coupe est moins bonne.

II — Préfèrent A, même s'il coûte 5 000 frs de plus, mais non si la coupe est moins bonne.

III — Préfèrent A, mais seulement à coupe et prix équivalents.

IV — Préfèrent B, mais seulement à coupe et prix équivalents.

V — Préfèrent B, même s'il coûte 5 000 frs de plus, mais non si la coupe est moins bonne.

VI — Préfèrent B, même s'il coûte 5 000 frs de plus et si la coupe est moins bonne.

On voit qu'on ne trouve pas de sujets qui préfèrent un des tissus même si la coupe est moins bonne, mais pas s'il coûte 5 000 frs de plus. Tout se passe comme si, pour l'ensemble des sujets, une bonne coupe « valait » plus de 5 000 frs. En revanche on ne trouve pas le même accord pour situer la valeur de la coupe par rapport à 10 000 frs.

Ayant ainsi caractérisé chaque sujet par son degré d'attachement à l'une des deux fibres, il a été possible de calculer des associations ou des corrélations avec d'autres variables, telles que les caractéristiques socio-économiques, l'âge, la préférence pour des vêtements classiques ou modernes, etc... et d'en tirer des prévisions sur l'évolution de la concurrence entre les deux textiles.

8.1.3 — Étude des attitudes des non-lecteurs d'un journal à l'égard de celui-ci

Au cours d'une étude sur la clientèle d'un hebdomadaire politique, il s'est révélé important d'étudier les raisons pour lesquelles certaines personnes ne le lisent pas. Mais il est évident que la population des non-lecteurs n'est pas homogène : certaines ne lisent pas l'hebdomadaire en question par hostilité pour ses positions, etc... alors que c'est pour des raisons contingentes — inertie, manque de temps, manque d'intérêt véritable — que d'autres, bien que favorables, s'abstiennent. C'est pourquoi il était nécessaire de pouvoir classer les non-lecteurs selon leur degré d'hostilité ou de sympathie pour le journal en question afin de mettre en évidence les deux catégories de freins dont nous avons parlé, et définir ainsi les moyens d'atteindre la clientèle potentielle.

L'échelle adoptée était :

a. *Si vous aviez plus de temps, est-ce que vous pensez que vous vous mettriez à lire .... de façon régulière ?*

3 — Oui, certainement,
2 — Oui, probablement,
1 — Non, probablement pas,
0 — Non, sûrement pas.

b. *Pensez-vous que, d'une façon générale, il serait bon que .... soit lu par un plus grand nombre de gens ?*

3 — Oui, certainement,
2 — Peut-être que oui,
1 — Je ne trouve pas,
0 — Sûrement pas.

c. *Est-ce que, à votre avis, l'existence d'un journal comme .... est...*

3 — Une très bonne chose,
2 — Une assez bonne chose,
1 — Plutôt une mauvaise chose,
0 — Franchement une mauvaise chose.

Ces questions constituent une échelle satisfaisante ; toutefois, il a été nécessaire d'exclure environ un quart des sujets qui n'avaient pas pu répondre, faute d'opinion, à une ou plusieurs de ces questions. Cette échelle présente des relations intéressantes avec différentes autres variables étudiées, au cours de la même enquête, telles que l'adhésion aux idées politiques du journal, les autres publications lues, le niveau socio-culturel, l'opinion sur différents aspects du journal, etc...

Quant aux sujets exclus parce qu'ils n'avaient pas répondu à toutes les questions, ils constituent un groupe relativement homogène par son indifférence à la politique, ses plus faibles aspirations culturelles, le petit nombre de publications lues régulièrement.

Nous avons ici un exemple d'hétérogénéité de la population, qui s'est trouvée relativement facile à déceler, puisque, en fait, les questions n'avaient de sens que pour la sous-population intéressée. Si cela n'avait pas été le cas, c'est-à-dire si les questions avaient été telles que tous les sujets puissent y répondre, l'hétérogénéité de la population se serait probablement manifestée par un coefficient de reproductibilité beaucoup plus faible que celui qui a été effectivement obtenu.

8.2 — *APPLICATIONS EN PSYCHOLOGIE GÉNÉTIQUE*

A priori, le modèle des échelles de Guttman semble tout à fait satisfaisant pour la description du développement intellectuel, surtout lorsqu'on l'analyse dans le cadre d'une psychologie opératoire.

Chaque stade apparaît en effet comme susceptible d'être décrit par une structure qui intègre toutes les acquisitions des stades précédents. En ce sens, les différents stades du développement constituent bien une échelle.

Le problème devient toutefois plus difficile lorsqu'il s'agit d'analyser des conduites réelles, directement observables au cours d'épreuves standardisées. Les phénomènes de « décalages » de différents types dans les âges d'apparition de conduites solidaires d'une même structure sont bien connus et viennent troubler les relations manifestes ; ou alors, les relations constatées sont si évidentes et logiquement nécessaires que l'analyse elle-même apparaît comme superflue.

Il n'en reste pas moins que, dans bien des cas, l'analyse hiérarchique s'est trouvée présenter un intérêt spécifique, dû au fait que la relation de base, l'inclusion, est une relation d'ordre particulièrement forte. En effet, dans le domaine du développement intellectuel, un ordre des conduites peut être obtenu relativement aisément par référence à une variable objective, l'âge. On peut ordonner les conduites selon leur âge médian d'apparition, par exemple, ou selon toute autre valeur du même genre. On peut également comparer les fréquences des sujets présentant les différentes conduites dans des groupes d'âges différents. De telles données, importantes en elles-mêmes, ne permettent pas d'établir de façon stricte qu'une certaine conduite, dont l'apparition est tardive, s'appuie sur une conduite antérieure.

Il peut y avoir simple succession temporelle, vérifiable au niveau du groupe seulement, et non relation nécessaire au niveau individuel. C'est l'existence de celle-ci que vise à établir l'analyse hiérarchique.

Ainsi, parmi l'ensemble des conduites qu'on observe sur un groupe d'enfants, et qu'on peut ordonner en fonction de leur âge d'apparition, certaines constitueront une échelle et pas d'autres. On peut penser que les premières sont plus étroitement liées les unes aux autres, et surtout que, dans ce cas, chacune est la condition nécessaire des suivantes. Un tel résultat peut être également obtenu par une expérimentation de type clinique, mais pas par des analyses statistiques portant sur des données globales.

Ceci dit, il importe évidemment de rester prudent dans l'interprétation des résultats. Les risques d'artefact existent, et on risque de commettre les mêmes erreurs en interprétant sans plus la succession dans une échelle comme une implication logique que lorsqu'on attribue une corrélation statistique à une relation causale.

Un exemple important d'une succession hiérarchique observée au cours du développement est fourni par les conservations de la substance, du poids et du volume, étudiés par Piaget et Inhelder [25]. Si on présente à des enfants deux boules de pâte à modeler identiques, et qu'on aplatit une de manière à former une galette, un grand nombre de sujets déclarent que les volumes de la boule et de la galette sont devenus différents, une fraction plus faible de l'échantillon affirmera que le poids a changé, et enfin, pour quelques sujets, la quantité de pâte à modeler aura varié. Il y a donc bien un ordre d'apparition de ces trois conduites, la conservation de la substance étant la plus précoce, et celle du volume la plus tardive. Mais en plus, ces comportements constituent une échelle : on ne rencontre pratiquement pas de sujets admettant l'invariance du poids, mais non celle de la substance, malgré une faible différence entre les âges caractérisant ces deux conduites. Il en est de même du poids et du volume, l'écart entre les âges étant alors important.

Dans un domaine voisin, nous avons employé la même méthode pour étudier l'évolution génétique des inférences utilisant l'implication, c'est-à-dire l'utilisation de prémisses pouvant être mises sous la forme « si A, alors B » [19]. Pour certaines situations concrètes, on constate que les sujets capables d'en tirer des conclusions toujours correctes sont également capables de reconnaître les différents cas possibles et impossibles (par exemple, admettre que B peut se produire sans A, mais pas A sans B). En revanche on rencontre des sujets qui se montrent capables de distinguer ainsi ces différentes combinaisons d'événements, mais pas de faire certaines inférences, par exemple d'affirmer que, si B ne s'est pas produit, on est certain que A ne s'est pas produit non plus.

Ce résultat montre que l'implication « complète », celle de la pensée adulte, est liée à une structure combinatoire, qui permet l'inventaire de tous les cas possibles et impossibles, et appuie sur la connaissance de ceux-ci pour la manipulation correcte de l'implication.

Tous ces exemples sont fondés sur des items dichotomiques, avec une « bonne » réponse qui est celle de la pensée adulte. C'est cela qui assure le caractère cumulatif des questions étudiées. En revanche, le modèle s'applique beaucoup moins bien si nous cherchons par la même méthode à ordonner les réponses erronées. Chercher un ordre sur les erreurs a un sens, puisque on sait que, dans certains cas au moins, des conduites non correctes varient en fonction de l'âge, les sujets passant par différentes étapes avant d'atteindre celle où ils donneront la bonne réponse. Mais le fait même que ces erreurs se succèdent fait disparaître le caractère cumulatif des items. Les erreurs peuvent alors être considérées comme des items ponctuels dont nous avons vu qu'ils n'étaient pas susceptibles d'une analyse intrinsèque; à ces raisons de principe s'en ajoutent d'autres, plus factuelles : alors que la possibilité de donner une réponse correcte à certains problèmes peut être liée au fait d'avoir atteint un certain niveau, le fait de donner l'un ou l'autre des différents types d'erreur peut être attribué à des causes fonctionnelles ou contingentes, donc susceptibles de variations aléatoires plus larges.

La démarche méthologique que nous venons de décrire sommairement est très différente de celle qui est adoptée dans les études de marché, dont nous avons donné des exemples dans la section précédente. Une comparaison des deux est susceptible de nous éclairer sur les différents types d'utilisation de l'analyse hiérarchique.

Dans les exemples que nous avons donnés en étude de marché, le problème était chaque fois d'élaborer une technique permettant d'ordonner des sujets selon un certain point de vue. Toute autre technique aboutissant au résultat cherché aurait pu être adoptée. La caractéristique fondamentale des échelles, qui est de se baser sur des relations d'inclusion entre groupes de sujets, n'est que secondaire. Dans aucun des exemples décrits, on n'a attaché une grande importance à l'ordre effectif des items ou des réponses, et on n'a guère cherché à l'interpréter.

En psychologie génétique, au contraire, la relation d'implication entre conduites, qui traduit l'inclusion entre groupes d'individus, est intéressante par elle-même ; c'est elle qu'on cherchera à interpréter. Par nature même, elle fournit l'élément évolutif qui est fondamental dans ce genre de recherche : lorsqu'on a constaté qu'un certain nombre de conduites se hiérarchisent de façon satisfaisante, on a de fortes raisons d'admettre que l'ordre trouvé est bien l'ordre réel d'acquisition, tel qu'on pourrait l'observer au cours d'études longitudinales, en suivant un même enfant au cours de son développement. On ne pourrait pas en dire autant d'ordres obtenus par comparaison d'âges médians, ou par comparaison des fréquences d'échecs. L'analyse hiérarchique semble donc prendre là tout son sens, malgré les difficultés d'application que nous avons signalées.

Bibliographie

(1) Boucharenc, L. — L'analyse hiérarchique. Connaissance des marchés, 1961, *2*.

(2) Cantril, H. — The intensity of an attitude. J. Abn. Soc. Psych. 1946, *41*, 129-135.

(3) Coombs, C.H. — The theory and methods of social measurement. Dans Festinger and Katz : Research methods in the behavioral Sciences. Dryden Press, 1953 (trad. française P. U. F., 1958).

(4) Coombs, C.H., Kao, R. C. — Non metric factor analysis. Engng. Res. Bull., n° 38. Univ. of Michigan, 1955.

(5) Desabie, J. — L'analyse hiérarchique. J. Soc. Stat. de Paris, 1959, 133-151.

(6) Faucheux, C. — Travail non publié.

(7) Ford, R. N. — A rapid scoring procedure for scaling attitude questions. Publ. Opinion Quart., 1950, *14*, 507-532.

(8) Goodenough, W. M. — A technique for scale analysis. Educ. Psychol. Measurement, 1944, *4*, 179-190.

(9) Green, B. F. — Attitude Measurement dans : Lindzey : Handbook of Social Psychology. Addison-Wesley. 1954.

(10) Green, B. F. — A method of scalogram analysis using summary statistics. Psychometrika, 1956, *21*, 79-88.

(11) Guttman, L. — The basis for scalogram analysis, dans (24).

(12) Guttman, L. — The cornell technique for scale and intensity analysis. Educ. Psychol. Measurement, 1947, *7*, 247-279.

(13) Guttman, L. — The principal components of scale analysis, dans (24).

(14) Guttman, L. — The principal components of scalable attitudes, dans (17).

(15) Guttman, L. — Introduction to facet design and analysis. Proc. of the 15th Intern. Congress of Psychology, 1957.

(16) Kahn, L. H., Bodine, A. J. — Guttman scale analysis by means of IBM equipment. Educ. Psychol. Measurement, 1951, *11*, 298-314.

(17) Lazarsfeld, P.F. — Mathematical Thinking in the Social Sciences. The Free Press, 1954.

(18) Loevinger, J. — The technique of homogeneous tests compared with some aspects of « scale analysis » and factor analysis. Psychol. Bull, 1948, *45*, 507-530.

(19) Matalon, B. — Etude génétique de l'implication. Etudes d'épistémologie génétique XVI, P. U. F., 1962.

(20) Matalon, B. — Une extension multidimentionnelle de l'analyse hiérarchique. Bulletin du C. E. R. P., 1962. *11*, 45-57.

(21) Menzel, H. — A new coefficient for scalogram analysis. Publ. Opin. Quart., 1953, *17*, 268-280.

(22) Moscovici, S. — L'analyse hiérarchique. Année psychol., 1954, *54*, 84-110.

(23) Moscovici, S., Barbichon, G. — Analyse dimensionnelle de l'entreprise et du milieu de travail. Bulletin du C. E. R. P., 1957, *7*, 288-397.

(24) Moscovici, S., Durain, G. — Quelques applications de la théorie de l'information à la construction des échelles d'attitudes, Année Psychol. 1956, *56*, 47-57.

(25) Piaget, J., Inhelder, B. — Le développement les quantités chez l'enfant. Delachaux et Niestlé, 1941.

(26) Stevens, S. S. — Mathematics, measurement, and psycho-physics. Dans Handbook of Experimental Psychology. Wiley, 1951.

(27) Stouffer, S. A. — Measurement and Prediction (Studies in Social Psychology in World War II, vol. 4). Princeton University Press, Princeton, 1950.

(28) Stouffer, S. A., Borgatta, E. F., Hays, D. G., Henry, A. F. — A technique for improving cumulative scales. Pub. Opin. Quart., 1952, *16*, 273-291.

(29) Suchman, E. A. — The intensity component in attitude and opinion research, dans (24).

(30) Suchman, E. A. — The scalogram board technique for scale analysis, dans (24).

(31) Suppes, P. — Foundations of measurement (polycopié), 1957.

(32) Thomson, G. H. — L'analyse factorielle des aptitudes humaines, P.U.F., 1950.

(33) Torgerson, W. S. — Theory and methods of scaling. Wiley, 1958.

(34) Vinh-Bang — Evolution des conduites et apprentissage. Etudes Epist. Génét. IX, P. U. F., 1959.

APPENDICE

Marc BARBUT

Note sur l'algèbre des techniques d'analyse hiérarchique

Dans cette note annexe, nous allons étudier l'algèbre sous-jacente aux techniques d'analyse hiérarchique, de façon à mettre en évidence d'une part le degré d'arbitraire qui est laissé à l'expérimentateur dans la constitution d'une échelle uni- ou multi-dimensionnelle, d'autre part le « contexte » dans lequel se posent les problèmes évoqués par Monsieur B. Matalon.

Partons d'un tableau dont les lignes représentent, par exemple, des questions posées à des sujets, les colonnes ces sujets eux-mêmes, et chaque case est marquée, dans le cas de réponses dichotomiques, de l'un ou l'autre de deux signes (+ ou —, I ou O, oui ou non, etc...) selon que la réponse du sujet représenté par sa colonne à la question représentée par sa ligne est positive ou négative ; la technique de recherche des échelles consiste à obtenir, par un réarrangement convenable des lignes et des colonnes, une configuration du tableau en échelle parfaite de Guttman ou, à défaut, une configuration qui y ressemble.

S'il existe une échelle « parfaite », elle est unique, et le seul problème qui se pose est celui de sa recherche, dont nous pensons qu'elle peut être facilitée par les considérations que nous développerons.

Mais s'il n'en existe pas, ce qui est le cas le plus fréquent, on sent bien que le choix d'une échelle particulière est arbitraire, si le praticien n'est pas guidé par ce qu'il sait d'autre part sur la façon dont ses sujets doivent répondre à ses questions ; et même compte tenu de ces « hypothèses » sans lesquelles aucune recherche fructueuse, aboutissant à confirmer ou à infirmer (dans une certaine mesure) des hypothèses faites préalablement, n'est possible, il est parfois nécessaire de considérer non une, mais deux échelles, ou éventuellement plus, comme le montre Monsieur Matalon.

Mais dans quel ensemble ce choix s'opère-t-il ? Y a-t-il peu ou beaucoup d'échelles approximatives ? Comment celles-ci se structurent-elles les unes par rapport aux autres, et par rapport à la multitude des configurations que l'on pourrait obtenir par réarrangement des lignes et des colonnes d'un tableau ? Quelle est enfin la logique de ces manipulations de lignes et de colonnes d'un tableau ? Voilà ce dont nous allons essayer de prendre une vue d'ensemble.

LES ÉLÉMENTS DE BASE D'UNE ÉCHELLE

Appelons, pour un tableau, E l'ensemble de ses colonnes (les sujets), F celui de ses lignes (les questions) ; supposons que les réponse positives sont marquées du signe I, et les réponses négatives du signe O.

Soit par exemple le tableau suivant (7 sujets, 1, 2, 3, ..., 7 ; 9 questions, *a*, *b*, ..., *i*) :

F \ E	1	2	3	4	5	6	7
a	O	O	O	O	O	I	I
b	O	I	O	O	I	O	O
c	O	O	I	I	I	O	I
d	O	O	I	I	I	I	I
e	I	O	I	I	I	O	I
f	I	O	I	I	I	O	O
g	O	O	O	I	O	I	O
h	O	O	I	O	O	O	I
i	O	O	I	I	I	O	O

A l'ensemble $\{ c, d, e \}$ de questions, les sujets 3, 4 et 5 ont tous répondu positivement. Mais le sujet 7 a lui aussi répondu positivement aux trois questions *c*, *d*, et *e*, et c'est le seul sujet supplémentaire qui soit dans ce cas ; l'ensemble $\{3, 4, 5, 7\}$ est donc le plus grand ensemble de sujets ayant répondu positivement aux trois questions *c*, *d*, *e*.

Inversement, nous pouvons remarquer que les questions *c*, *d*, *e* ne sont pas les seules auxquelles les 3 sujets 3, 4, 5, aient tous répondu positivement, mais que les questions *f* et *i* jouissent aussi de cette propriété. A l'ensemble de sujets $\{3, 4, 5\}$ correspond donc l'ensemble $\{c, d, e, f, i\}$ de questions comme ensemble maximal de questions auxquelles ils aient tous répondu positivement.

Mais maintenant, pour $\{c, d, e, f, i\}$, $\{3, 4, 5,\}$ est l'ensemble maximal de sujets ayant tous répondu positivement à cet ensemble de questions ; de même $\{c, d, e\}$ est maximal par rapport à $\{3, 4, 5, 7\}$.

Réordonnons le tableau, de façon à faire apparaître les deux rectangles « maximaux » dont toutes les cases sont marquées du signe 1 que nous venons de découvrir :

F \ E	1	2	3	4	5	7	6
a	0	0	0	0	0	1	1
b	0	1	0	0	1	0	0
c	0	0	1	1	1	1	0
d	0	0	1	1	1	1	1
e	1	0	1	1	1	1	0
f	1	0	1	1	1	0	0
i	0	0	1	1	1	0	0
g	0	0	0	1	0	0	1
h	0	0	1	0	0	1	0

La configuration obtenue est l'amorce d'une échelle parfaite : *l'élément de base qu'il nous faut considérer, c'est le « rectangle maximal », c'est-à-dire les ensembles $X \times Y$ de couples (sujet-question) tels que tous les sujets de la partie X aient répondu positivement à toutes les questions de la partie Y de l'ensemble de questions, et qu'il soit impossible d'agrandir soit X,* *soit Y sans introduire des réponses négatives.* Le problème que nous nous posons d'abord, c'est de voir comment s'opère, parmi tous les ensembles de couples (sujet-question) la sélection, de ceux qui nous

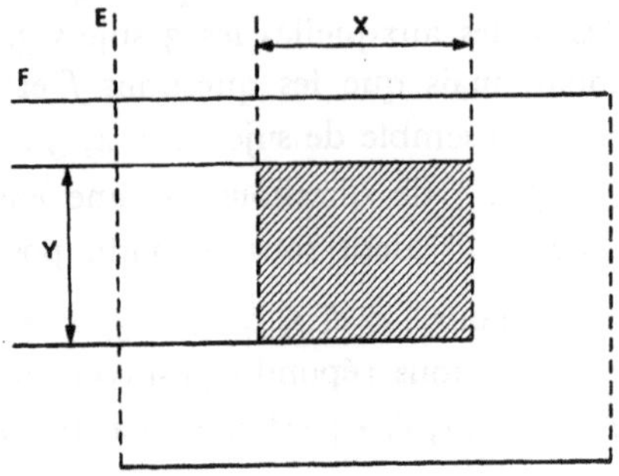

intéressent ; ensuite, nous verrons comment ces rectangles maximaux s'organisent les uns par rapport aux autres, quelle est leur algèbre.

CONSTRUCTION DES RECTANGLES MAXIMAUX

1 — Soit x un sujet quelconque ; appelons R (x) (réponse de x) l'ensemble des questions auxquelles il a répondu positivement ; R (x) est une partie de F. De même à une question y quelconque, nous pouvons associer la partie R' (y) de l'ensemble E constituée par les sujets qui y ont répondu positivement.

Si X est une partie quelconque de E (un ensemble quelconque de sujets), le plus grand ensemble de questions auxquelles ils ont tous répondu positivement c'est, par définition, la partie commune aux R (x) lorsque x parcourt tout l'ensemble X ; c'est ainsi, par exemple, que dans le tableau donné plus haut, pour X = $\{3, 4, 5\}$ on a :

$$R(3) = \{c, d, e, f, h, i\} \qquad R(4) = \{c, d, e, f, g, i\}$$
$$R(5) = \{b, c, d, e, f, i\}$$

et la partie commune à ces trois ensembles de questions est :

$$\{c, d, e, f, i\}$$

Désignons par gX la partie commune aux R (x) lorsque x parcourt X ; gX est l'*intersection* de tous les R (x) correspondant à tous les x de X, ce qu'on peut noter :

$$gX = \bigcap_{x \in X} R(x)$$

On associe de même à chaque partie Y de F (questions) l'ensemble $g'Y$ de sujets défini par :

$$g'Y = \bigcap_{y \in Y} R'(y)$$

Par exemple, dans notre tableau :

$$g' \{c, d, e,\} = \{3, 4, 5, 7\}$$

$$g' \{a, d, h\} = \{6, 7\} \cap \{3, 4, 5, 6, 7\} \cap \{3, 7\} = \{7\}$$

où $A \cap B$ désigne l'intersection (la partie commune) de deux parties A et B d'un même ensemble ; $A \cap B \cap C$ l'intersection de 3 parties A, B, C, etc...

2 — *Fermetures.*

A la partie X de l'ensemble des sujets, nous associons gX qui est le côté « questions » d'un rectangle maximal ; mais la partie X elle-même n'est pas en général le côté « réponses » d'un tel rec-

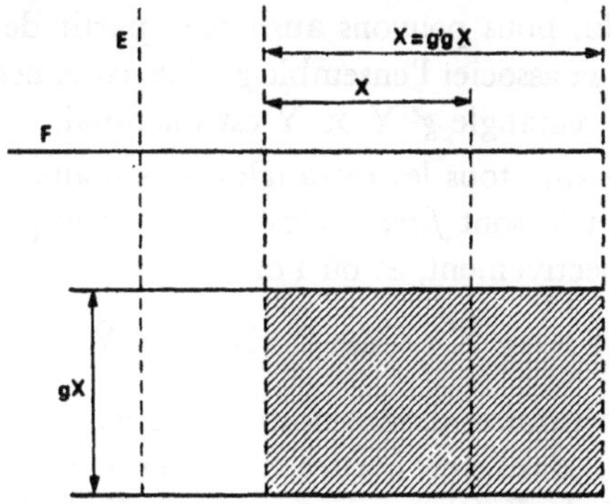

tangle ; tous les sujets de X ont répondu positivement à toutes les questions de gX et à celles-là seulement, mais il se peut que d'autres sujets, n'appartenant pas à X, aient aussi répondu positivement à toutes ces questions.

Pour achever la construction de notre rectangle maximal dont gX est un premier côté, il nous faut donc associer à gX l'intersection des R′ (y) lorsque y parcourt gX, c'est-à-dire g' gX, que nous noterons dans la suite $\overline{X}$, et appellerons la *fermeture* de X. Par exemple on a :

$$g \{3, 4\} = \{c, d, e, f, i\}$$

$$\overline{\{3, 4\}} = g' g \{3, 4\} = g' \{c, d, e, f, i\} = \{3, 4, 5\}$$

Maintenant, le cycle est fermé, en ce sens que si l'on recommence les opérations à partir de $\overline{X}$, on retrouvera :

$$g \overline{X} = g X \qquad \text{et} \qquad \overline{\overline{X}} = \overline{X}$$

Ainsi, nous disposons d'une méthode opératoire pour fabriquer *tous* les rectangles maximaux d'un tableau ; à chaque partie X de E (colonnes) nous associons d'une part l'ensemble gX de lignes, où :

$$gX = \bigcap_{x \in X} R\ (x)$$

d'autre part sa fermeture X, où :

$$\overline{X} = g'\ g\ X$$

Le rectangle $\overline{X} \times g$X est un rectangle maximal, et tout rectangle maximal est obtenu de cette façon.

Bien entendu, nous pouvons aussi bien partir de F, et à chaque partie Y de celui-ci associer l'ensemble g' Y de colonnes et sa fermeture $\overline{Y} = g\ g'$ Y ; le rectangle g' Y $\times$ $\overline{Y}$ est maximal.

Il en résulte que tous les rectangles maximaux sont de la forme $\overline{X} \times \overline{Y}$, où $\overline{X}$ et $\overline{Y}$ sont *fermés* (c'est-à-dire, leur propre fermeture) dans E et F respectivement, et où l'on a :

$$\overline{Y} = g\, \overline{X} \qquad \text{et} \qquad \overline{X} = g'\, \overline{Y}$$

Méthode opératoire, disions-nous ; de quelle opération s'agit-il? De l'intersection dans les parties d'un ensemble, puisque pour chaque partie X de E (resp., chaque partie Y de F) son image gX (resp. $g'\overline{Y}$) et sa fermeture $\overline{X}$ (resp. Y) est obtenue uniquement en faisant des intersections d'ensembles R (x) et d'ensembles R′ (y) ; c'est donc à l'algèbre des parties d'un ensemble par rapport à l'intersection, et à son opération duale *l'union* (l'algèbre boloéenne) que nous devrons faire appel pour « structurer » l'ensemble de nos rectangles maximaux ; mais auparavant, construisons-les tous pour le tableau donné en exemple.

3 — *L'opération fondamentale sur les rectangles.*

On a :

$g \{1\} = \{e, f\}$; $g' \{ef\} = \{1\} = \{1, 3, 4, 5,\}$ d'où un premier rectangle :

$A = \{1, 3, 4, 5\} \times \{e, f\}$

puis :

$g\ \{2\} = \{b\}$; $g' \{b\} = \{2{,}5\}$

second rectangle :

$\{2{,}5\} \times \{b\} = B$

$g \{3\} = \{c, d, e, f, h, i\}$ $\qquad g' g \{3\} = \overline{\{3\}} = \{3\}$

$\{3\}$ est fermé ; le rectangle correspondant est :

$C = \{3\} \times \{c, d, e, f, h, i\}$

De même, $\{4\}$ est fermé, et il lui correspond $g \{4\} = \{c, d, e, f, g, i\}$

$\{4\} \times \{c, d, e, f, g, i\} = D$

On trouvera ensuite :

$E = \{5\} \times \{b, c, d, e, f, i\}$; $\{6\} \times \{a, d, g\} = F$

$\{7\}\ x\ \{d, e\ h, a, c,\} = G.$

Tous les autres vont être engendrés à partir des 7 rectangles énumérés par intersection deux à deux de leurs côtés « lignes » ; avant d'opérer ces intersections, remarquons que nos 7 rectangles ne sont pas quelconques les uns par rapport aux autres, mais que le côté « ligne » de A est inclus dans les côtés « lignes » de C, D et E, de même que celui de B est inclus dans celui de E, ce que nous représentons par le diagramme :

Considérons par exemple les deux rectangles C et G ; l'intersection $\{ c, d, e, h \}$ de leurs côtés « lignes » est un ensemble fermé de lignes, donc le côté ligne d'un rectangle maximal, car s'il fallait ajouter une 5e ligne à *c*, *d*, *e*, et *h*, pour obtenir sa fermeture, cela signifierait que cette ligne pourrait être ajoutée aux côtés « lignes » des rectangles C et G, donc que ceux-ci ne seraient pas maximaux.

Ce raisonnement montre que d'une façon générale si $\overline{X}_1 \times \overline{Y}_1$ et $\overline{X}_2 \times \overline{Y}_2$ sont deux rectangles maximaux, $\overline{X}_1 \cap \overline{X}_2$ est le côté

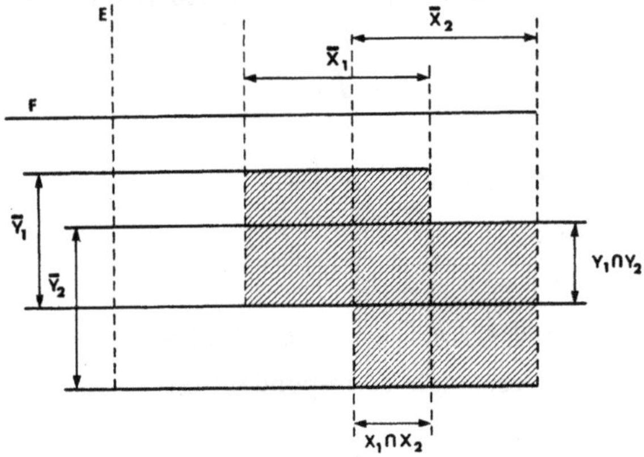

« colonne » d'un rectangle maximal dont le côté « ligne » contient l'*union* $\overline{Y}_1 \cup \overline{Y}_1$ des côtés « lignes » de ces rectangles, et que $\overline{Y}_1 \cap \overline{Y}_2$ est le côté « ligne » d'un rectangle maximal dont le côté « colonne » contient l'union $\overline{X}_1 \cup \overline{X}_2$ des côtés « colonnes » des deux rectangles. Mais ni $\overline{Y}_1 \cup \overline{Y}_2$, ni $\overline{X}_1 \cup \overline{X}_2$ ne sont *a priori* fermés, et pour obtenir des rectangles maximaux il faudra chercher leurs fermetures, c'est-à-dire *g* $(\overline{X}_1 \cap \overline{X}_2)$ pour le premier, *g'* $(\overline{Y}_1 \cap \overline{Y}_2)$ pour le second.

Ainsi, *chaque couple de rectangles maximaux engendre deux autres rectangles* maximaux *par intersection d'un côté, union et fermeture de l'autre.* Ce que nous pouvons schématiser par le diagramme :

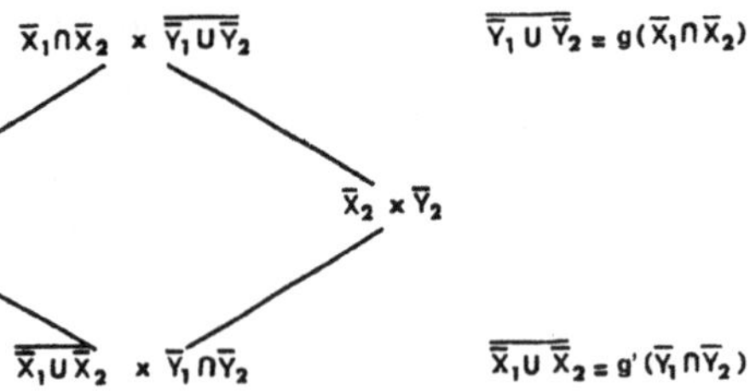

4 — *Organigramme des rectangles.*

Reprenons nos sept premiers rectangles maximaux du tableau donné en exemple ; engendrons d'abord par intersections côté « ligne » tous les autres rectangles maximaux ; nous obtenons le diagramme :

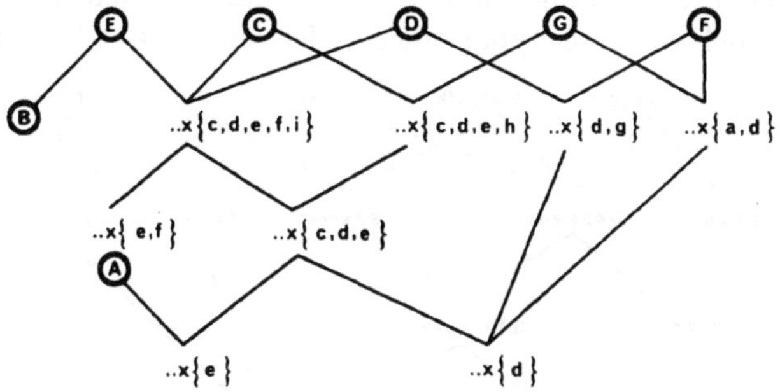

où la liaison figurée par un trait signifie l'*inclusion* dans l'ensemble des lignes ; le diagramme est terminé lorsque l'on n'a plus, côté « ligne », que des parties disjointes deux à deux.

Pour achever la construction, il ne nous reste qu'à remplir les côtés « colonnes » laissés en pointillé ; nous pouvions les remplir au moins partiellement, puisque nous savons qu'à chaque opération il faut mettre à la place des pointillés *au moins* l'union des côtés colonnes des deux rectangles composés ; ce qui aurait donné (colonnes seulement) :

Tous les rectangles ainsi obtenus sont maximaux si, en face de la fermeture de chaque ligne y, se trouve bien l'ensemble R′ (y) de colonnes qui lui correspond ; sinon, il faut compléter en colonnes ceux des rectangles dont le côté ligne est la fermeture d'une seule ligne (donc 9 au plus dans notre exemple, et en fait aucun) et parcourir de nouveau le diagramme en remontant, c'est-à-dire par intersections côté colonnes.

Ici, la liste est complète, et le diagramme figure l'organisation, la structure, pour notre exemple, de *tous* les rectangles maximaux contenus dans le tableau.

Voici le diagramme auquel nous sommes finalement parvenus (dans lequel on omet, pour alléger, les crochets et les virgules) :

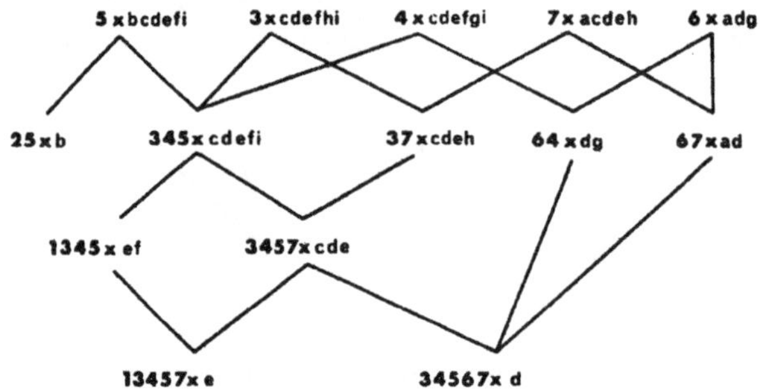

Avant de passer à la suite, remarquons une fois de plus que toute la construction aurait pu être faite dans l'ordre inverse, c'est-à-dire en partant des colonnes et non des lignes.

LE TREILLIS DE GALOIS D'UN TABLEAU

1 — *Les échelles d'un tableau.*

Nous nous étions tracé un programme en deux points : 1) Construire les rectangles maximaux, éléments de base d'une échelle ; 2) découvrir la façon dont ces rectangles s'organisent les uns par rapport aux autres.

Or, il se trouve qu'en étudiant le seul premier point, « l'organigramme » des rectangles cherchés s'est imposé à nous et que nous avons, chemin faisant, découvert une opération fondamentale sur nos rectangles, de sorte que le second problème est déjà dans une large mesure résolu : *il ne pouvait en être autrement* et nous voyons sur le vif une caractéristique essentielle de la démarche des mathématiques, pour lesquelles les questions de construction sont inséparables de celles de la structure, non de l'objet particulier construit, mais de la classe de ceux que l'on pourrait construire de façon analogue.

Mais auparavant, nous allons examiner la structure dont il s'agit ici, figurée par l'organigramme, mais que la possibilité de combiner entre eux deux à deux les « rectangles maximaux » selon une opération va nous permettre de déterminer dans toute sa généralité et dans les termes d'une algèbre. Pour bien voir que tout cet effort n'est pas inutile, commençons par chercher sur l'organigramme les « échelles » de Guttman contenues dans notre tableau ; il suffit, pour en obtenir une, de réordonner les lignes et colonnes du tableau dans l'ordre indiqué par une *chaîne* du diagramme, remontée de bas en haut (on ordonnera alors les *lignes* d'abord) ou descendue de haut en bas (on ordonnera les *colonnes* en premier).

5 × bcdefi
|
345 × cdefi
|
3457 × cde
|
13457 × e

Prenons par exemple la chaîne ci-contre ; *e* sera la première ligne ; la seconde *c* ou *d* indifféremment ; la troisième *d* si *c* est la seconde ; la quatrième *f* ou *i* indifféremment, etc... Les lignes non énumérées dans la chaîne retenue (ici, *a*, *g*, *h*) seront enfin placées à la fin, dans un ordre quelconque.

Quant aux colonnes, c'est en lisant la chaîne de haut en bas que nous obtenons leur ordre, à savoir :

$$5 \quad \overbrace{3 \; 4} \quad 7 \quad 1 \quad \overbrace{2 \; 6}$$

où l'on a réuni par une accolade les colonnes dont l'ordre est indifférent.

D'où le tableau réordonné :

F \ E	5	3	4	7	1	2	6
e	1	1	1	1	1	0	0
c	1	1	1	1	0	0	0
d	1	1	1	1	0	0	1
f	1	1	1	0	1	0	0
i	1	1	1	0	0	0	0
b	1	0	0	0	0	1	0
a	0	0	0	1	0	0	1
g	0	0	1	0	0	0	1
h	0	1	0	0	0	0	1

L'ordre obtenu fait bien apparaître une « échelle », et il est d'ailleurs facile de s'assurer que *si l'on a un tableau en « échelle parfaite », le diagramme correspondant se réduit à une seule chaîne*, et *réciproquement*. Dans le cas étudié il n'y a malheureusement pas une seule chaîne, mais 21. Même si l'on ne considère comme intéressantes que celles qui sont assez riches, celles qui ont trois chaînons, il en reste encore 16, entre lesquelles le praticien devra choisir.

Devant cette multiplicité, qui, si les dimensions du tableau sont grandes, rendra impraticable la construction effective, au moins à la main, du diagramme des rectangles maximaux, et une lecture de ce diagramme, les questions qui se posent sont de savoir comment sélectionner en cours de construction des échelles que le praticien considère comme *a priori* intéressantes, si toutefois elles existent, de façon à les obtenir sans faire la construction complète de toutes les échelles possibles ; ou, si les échelles intéressantes n'existent pas, trouver un moyen de s'en assurer avant d'avoir achevé toute la construction, et de déterminer des échelles proches de celles qui sont considérées comme idéales.

Ces problèmes sont loin d'être résolus à l'heure actuelle, mais on ne peut espérer y parvenir que si l'on sait bien dans quels termes ils se posent, c'est-à-dire dans quelle structure algébrique ils s'insèrent. Cette structure algébrique, c'est d'elle que nous allons essayer de donner une idée, maintenant que nous avons bien pris conscience de ce fait capital : *un tableau ne contient pas a priori une ou deux, ou quelques échelles, mais une foule d'échelles.*

2 — *La construction algébrique.*

Récapitulons les étapes principales de la démarche qui nous a conduit à considérer des opérations entre rectangles maximaux.

1) Si E est l'ensemble des colonnes, F l'ensemble des lignes d'un tableau, à chaque partie X de E on associe une partie de F, gX, définie par :

$$gX = \bigcap_{x \in X} R(x)$$

Cette correspondance g jouit des propriétés :

$$a \qquad X_1 \subset X_2 \Rightarrow gX_1 \supset gX_2$$
$$b \qquad g(X_1 \cup X_2) = gX_1 \cap gX_2$$
$$c \qquad g(X_1 \cap X_2) \supset gX_1 \cup X_2$$

Propriétés qui résultent immédiatement de sa définition, et où le symbole $\subset$ signifie l'inclusion.

De même, à chaque partie Y de F on associe une partie g' Y de F, définie par :

$$g'Y = \bigcap_{y \in Y} R'(y)$$

La correspondance g' satisfait évidemment aussi aux propriétés *a*, *b*, et *c*.

2) En combinant g et g', on fait à chaque partie X de E, correspondre sa fermeture $\overline{X}$, qui est une partie de E, et qui est définie par :

$$\overline{X} = g'gX$$

Il résulte de *a*, *b* et *c* que :

$$a' \qquad X_1 \subset X_2 \Rightarrow \overline{X}_1 \subset \overline{X}_2$$
$$b' \qquad X \subset \overline{X}$$
$$c' \qquad \overline{\overline{X}} = \overline{X}$$

Dualement, à chaque partie Y de F correspond sa fermeture : $\overline{Y} = gg'Y$.

Les fermés de E et les fermés de F sont mis en correspondance bi-univoque par les correspondances g des parties de E vers celles de F, g' de celles de F vers celles de E.

3) A chaque couple de fermés $\overline{X}$, $\overline{Y}$, de E et F respectivement qui se correspondent par g et g', c'est à-dire tels que :

$$\overline{Y} = g\overline{X} \qquad \overline{X} = g'\overline{Y}$$

correspond un rectangle maximal, et un seul ; et réciproquement. Nous notons $(\overline{X} \times \overline{Y})$, un tel couple de fermés, côtés d'un rectangle maximal : c'est le *produit cartésien* de $\overline{X}$ et $\overline{Y}$, l'ensemble des couples (x, y) d'éléments tels que $x \in \overline{X}$ (x appartient à $\overline{X}$), et $y \in \overline{Y}$.

4) Si deux rectangles $X_1 \times Y_1$ et $X_2 \times Y_2$ sont donnés nous pouvons les composer selon deux opérations, notées $\wedge$ et $\vee$ dans la suite, par lesquelles on détermine deux autres rectangles maximaux :

$$(\overline{X}_1 \times \overline{Y}_1) \wedge (\overline{X}_2 \times \overline{Y}_2) = (\overline{X}_1 \cap \overline{X}_2 \times \overline{Y}_1 \cup \overline{Y}_2)$$
$$(\overline{X}_1 \times \overline{Y}_1) \vee (\overline{X}_2 \times \overline{Y}_2) = \overline{X} \cup (\overline{X}_1 \cup \overline{X}_2 \times \overline{Y}_1 \cap \overline{Y}_2)$$

C'est par rapport à ces deux opérations duales l'une de l'autre que va être définie la structure algébrique de l'ensemble des rectangles maximaux d'un tableau.

On montre facilement, à partir de sa définition, et compte tenu des propriétés des fermetures rappelées en 2, ci-dessus, que chacune des deux opérations $\wedge$ et $\vee$ est commutative, associative et idempotente (chaque « rectangle » composé avec lui-même redonne ce rectangle).

D'autre part, ces deux opérations sont reliées entre elles par les « lois d'absorption » :

$$(u \vee v) \wedge u = u = (u \wedge v) \vee u$$

où les lettres u, v symbolisent de façon abrégée des rectangles.

Toutes ces propriétés sont homologues de propriétés bien connues de l'intersection $\cap$ et l'union $\cup$ des parties d'un ensemble ; *l'analogie s'arrête là* et il ne sera en général pas possible, pour la structure algébrique définie par $\wedge$ et $\vee$, de vérifier des propriétés telles que la double distributivité de chacune des opérations par rapport à l'autre, ou l'existence pour chaque élément d'un complémentaire.

Il s'agit donc d'une structure plus vaste (ou moins particularisée) dont l'algèbre des parties d'un ensemble est un cas particulier : la structure de *treillis*.

Un treillis, c'est un ensemble dans lequel sont définies deux opérations commutatives, associatives, idempotentes et vérifiant les lois d'absorption. Parmi les treillis, il y a l'ensemble des parties d'un ensemble (opérations $\cap$ et $\cup$), mais aussi l'ensemble des entiers naturels pour les opérations *p. g. c. d.* et *p. p. c. m.* de deux nombres, le produit cartésien de deux échelles (au sens courant du terme) pour les opérations :

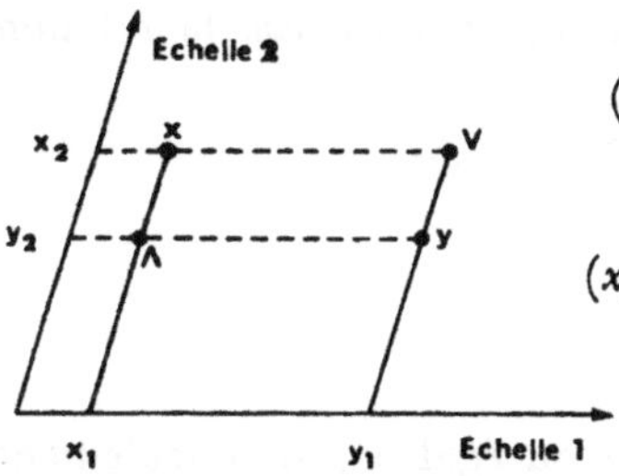

$$(_1, x_2) \vee (y_1, y_2) = \left(\max\begin{pmatrix}x_1\\y_2\end{pmatrix}, \max\begin{pmatrix}x_2\\y_2\end{pmatrix}\right)$$

$$(x_1, x_2) \wedge (y_1, y_2) = \left(\min\begin{pmatrix}x_1\\y_1\end{pmatrix}, \min\begin{pmatrix}x_2\\y_2\end{pmatrix}\right)$$

etc... exemples qui par leur diversité montrent que la structure de treillis recouvre un grand nombre de structures particulières, mais qui ont toutes en commun, outre les propriétés communes des opérations $\wedge$ et $\vee$, d'être susceptibles d'une « mise en ordre », au moins partielle, en un sens qui va maintenant être précisé.

3 — *Ordres et treillis.*

Par ordre partiel, ou « ordre » tout court, nous entendons une relation *binaire* entre éléments d'un ensemble qui jouisse de certaines des propriétés de l'ordre auquel on est habitué quand on parle de l'ordre des éléments sur une échelle, ou des points sur une droite ; c'est-à-dire une relation qui, comme la relation $\geqslant$ (supérieur ou égal à) entre nombres, soit transitive ($x \geqslant y \geqslant z \Longrightarrow x \geqslant z$), réflexive ($x \geqslant x$), et anti-symétrique ($x \geqslant y$ et $y \geqslant x \Longrightarrow x = y$), mais dont nous n'exigeons plus qu'elle soit complète, c'est-à-dire que deux éléments soient toujours comparables.

L'inclusion $\supset$ dans les parties d'un ensemble, la *divisibilité* dans l'ensemble des entiers naturels, la relation :

$$(x_1, x_2) \quad \geqslant \quad (y_1, y_2)$$

si et seulement si : $x_1 \geqslant y_1$ et $x_2 \geqslant y_2$ dans le produit cartésien de deux échelles sont en ce sens des relations d'ordre.

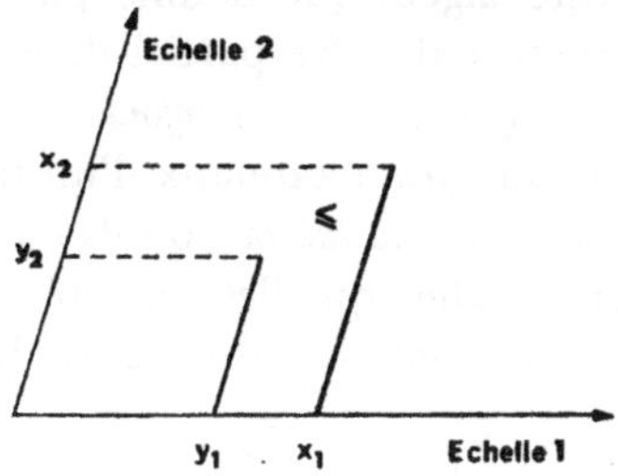

En fait, tout treillis peut être ordonné en *définissant* la relation binaire $\geqslant$ par :

$$x \geqslant y \iff x \vee y = x$$

ou, indifféremment, et dualement :

$$x \geqslant y \iff x \wedge y = y$$

Ce qui peut se lire : x est dit supérieur ou égal à y si et seulement s'il *absorbe* y dans l'opération $\vee$, ou, dualement, est absorbé par y dans l'opération $\wedge$.

Il est facile de voir que ces deux définitions sont équivalentes, car l'équivalence :

$$x \vee y = x \iff x \wedge y = y$$

est une conséquence immédiate des « lois d'absorptions » vérifiées par $\wedge$ et $\vee$; d'autre part, il résulte de l'idempotence de $\wedge$ (ou $\vee$) que $\geqslant$ est réflexive, de la commutativité que $\geqslant$ est anti-symétrique, et de l'associativité que $\geqslant$ est transitive.

Mais la relation d'ordre définie ainsi sur un treillis, bien que partielle, n'est pas absolument quelconque, elle présente au contraire une propriété très intéressante pour une hiérarchie : si x et y sont deux éléments quelconques du treillis, il existe, parmi tous les éléments du treillis qui sont supérieurs à la fois à x et à y, un élément plus petit que tous les autres ; et ce supérieur commun minimum de x et de y, ou *supremum* de x et de y, c'est précisément $x \vee y$, le résultat de la composition de x et de y dans l'opération $\vee$; dualement, il y a un élément inférieur à x et y qui est le plus grand de tous les autres, l'*infimum* de x et de y, qui est précisément $x \wedge y$.

Et maintenant, la boucle est bouclée par le retour à nos deux opérations $\vee$ et $\wedge$, dont nous voyons quelle est la signification en termes de relation d'ordre ; de sorte que, finalement, il y a équivalence entre la structure algébrique définie par $\wedge$ et $\vee$, avec leurs propriétés, et une structure d'ordre partiel dans laquelle tout couple d'éléments possède un *supremum* et un *infimum*.

Dans le cas des rectangles maximaux d'un tableau, et du treillis, parfois appelé *treillis de Galois du tableau*, qu'ils constituent par rapport aux opérations $\wedge$ et $\vee$ telles qu'elles ont été définies pour des rectangles maximaux, la relation d'ordre (partielle)

$$\overline{\overline{X}}_1 \times \overline{Y}_1 \geqslant \overline{\overline{X}}_2 \times \overline{Y}_2$$

signifie tout simplement

$$\overline{X}_1 \supset \overline{X}_2 \text{ et } \overline{Y}_1 \subset \overline{Y}_2$$

(bien entendu, la définition duale est tout aussi valable), c'est-à-dire que les rectangles sont dans la configuration indiquée par la figure :

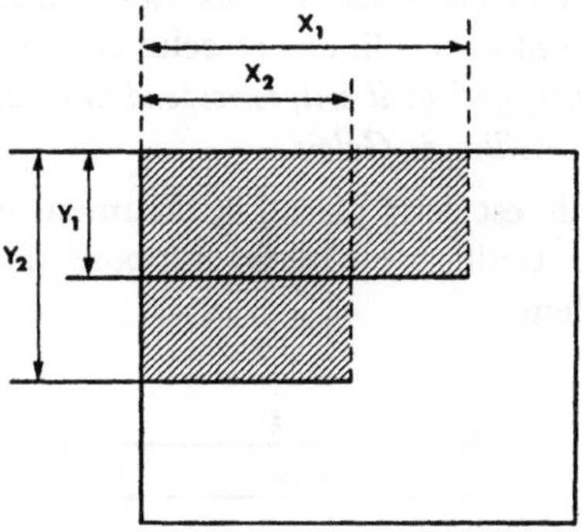

Nous retrouverons la configuration à partir de laquelle nous avons amorcé, au début de cet exposé, la construction des rectangles maximaux.

La caractérisation des tableaux par leurs treillis.

Il y a une grande variété de treillis, classés selon les relations supplémentaires que les deux opérations duales $\wedge$ et $\vee$ vérifient outre les 8 relations auxquelles elles satisfont dans tout treillis :

commutativité : $x \wedge y = y \wedge x \qquad x \vee y = y \vee x$
associativité : $(x \wedge y) \wedge z = x \wedge (y \wedge z)$
$x \vee (y \vee z) = (x \vee y) \vee z$
idempotence : $x \wedge x = x \qquad x \vee x = x$
absorption : $(x \vee y) \wedge x = x = x \vee (y \wedge x)$

Par exemple, il y a les treillis qui, en plus, sont distributifs ; ou ceux dans lesquels chaque élément possède un complément (treillis complémentés) ; ceux pour lesquels ces deux propriétés supplémentaires sont vraies (treillis booléens, ou en d'autres termes, des parties d'un ensemble), etc...

On peut alors se demander si le treillis de Galois d'une correspondance peut être quelconque, ou au contraire appartient nécessairement à une catégorie bien définie de treillis ; plus précisément, de même qu'à chaque tableau de correspondance correspond un et un seul treillis, correspond-il à chaque treillis un, ou plusieurs tableaux ? Ou éventuellement aucun, et dans quels cas ?

On peut démontrer, dans le cas des tableaux finis (c'est-à-dire, tels que le nombre des lignes et celui des colonnes soient finis) qu'à *chaque treillis fini, quel qu'il soit, correspond une classe infinie de tableaux dont ce treillis est le treillis de Galois.*

Précisons quelle est cette classe, et comment elle peut être construite à partir du treillis de Galois, supposé donné, des tableaux qui lui correspondent.

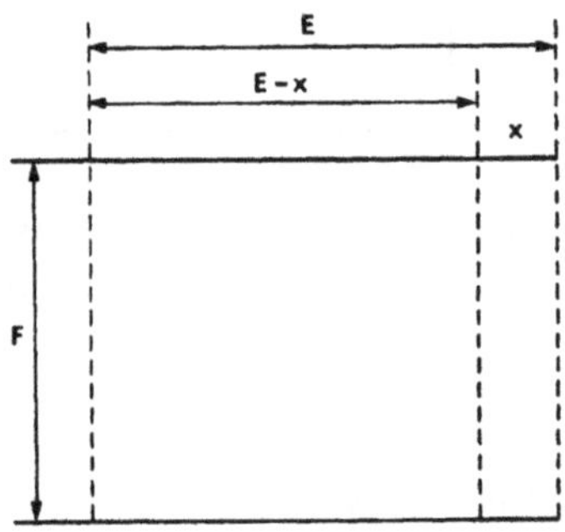

Appelons *tableau réduit*, un tableau dans lequel aucune des parties R (x) correspondant dans l'ensemble F des lignes à une colonne x n'est identique à une partie fermée de F dans le tableau $(E - \{x\}) \times F$, et, dualement aucune des parties R' (y) correspondant dans l'ensemble E des colonnes à une ligne y n'est identique à une partie fermée du tableau $E \times (F - \{y\})$: autrement dit, un tableau réduit, c'est un tableau dans lequel non seulement *deux sujets distincts n'ont pas le même « pattern » de réponses*, et à deux questions distinctes ont toujours répondu positivement des ensembles différents de sujets, $\{ x \neq x' \Rightarrow R(x) \neq R(x')$ et $y \neq y' \Rightarrow R'(y') \neq R'(y) \}$ mais encore la *réponse* R (x) *d'un sujet x quelconque est nécessairement différente de ce qu'il y a de commun aux réponses de deux autres, trois autres,* etc... *sujets quelconques* (et dualement, pour les questions).

On démontre que *réduire* un tableau, c'est-à-dire lui enlever les lignes et colonnes *redondantes* au sens qui vient d'être donné ici laisse invariant son treillis de Galois, et que ces réductions sont, avec l'adjonction de lignes ou colonnes redondantes et, bien entendu, les permutations de lignes et colonnes, les seules transformations du tableau qui laissent le treillis invariant.

Il en résulte qu'à un treillis donné correspond *au plus* un tableau réduit, à l'ordre des lignes et des colonnes près, et que s'il lui en correspond un, la classe de tous les autres tableaux (non réduits) lui correspondant s'en déduit en ajoutant un nombre arbitraire de lignes, ou de colonnes redondantes à ce tableau réduit ; c'est d'ailleurs là un résultat dont la partie directe est très intuitive : ajouter ou ôter un « pattern de réponse » redondant, c'est-à-dire qui peut être obtenu par ailleurs, soit qu'un autre sujet ait déjà fourni ce « pattern », ou qu'un ensemble d'autres sujets l'aient en commun, ne doit modifier en rien la structure, mais seulement la « statistique » de chaque pattern. Par contre, la réciproque, à savoir que toute autre modification du tableau change la structure (c'est-à-dire le treillis de Galois) est beaucoup moins évidente.

Elle résulte de ce que le treillis de Galois d'un tableau réduit jouit de la propriété remarquable que :

a) Si un rectangle $\overline{X}_1 \times \overline{Y}_1$ est immédiatement supérieur au sens que nous avons vu, à un seul rectangle $\overline{X}_2 \times \overline{Y}_2$ (s'il n'y a aucun autre rectangle maximal entre eux) l'effectif de $\overline{X}_1$ dépasse celui de $\overline{X}_2$ d'une unité exactement.

b) Si un rectangle maximal $\overline{X} \times \overline{Y}$ est immédiatement supérieur (pas d'intermédiaire) à plusieurs rectangles dont la liste complète est $\overline{X}_1 \times \overline{Y}_1$, $\overline{X}_2 \times \overline{Y}_2$, ----, $\overline{X}_k \times \overline{Y}_k$, alors :

$$\overline{X} = \overline{X}_1 \cup \overline{X}_2 \cdots \cup \overline{X}_k$$

Evidemment, la propriété duale est aussi vérifiée.

Pour cette raison, il n'y aura qu'une seule façon de construire un tableau réduit correspondant à un treillis donné (à l'ordre près des lignes et des colonnes) ; considérons par exemple le treillis suivant (fig. 1) : supposons que l'on remonte de bas en haut dans le sens de l'inclusion côté colonnes du tableau à construire ; on voit qu'il faut d'abord trois colonnes, appelées 1, 2, 3 (fig. 2).

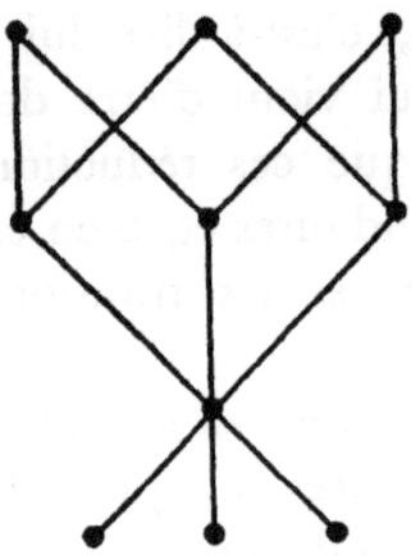

Fig. 1

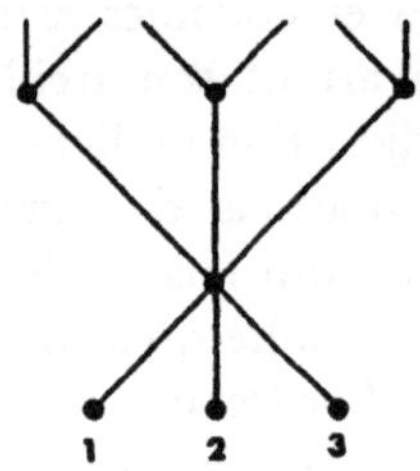

Fig. 2

L'union de 1, 2 et 3 peut ensuite être placée sur le treillis (fig. 3), mais à l'étape suivante il nous faut introduire trois nouvelles colonnes, 4, 5, 6 (fig. 4), puisqu'aucun des sommets correspondants du treillis n'est engendré *par union* à partir de ceux qui sont déjà désignés.

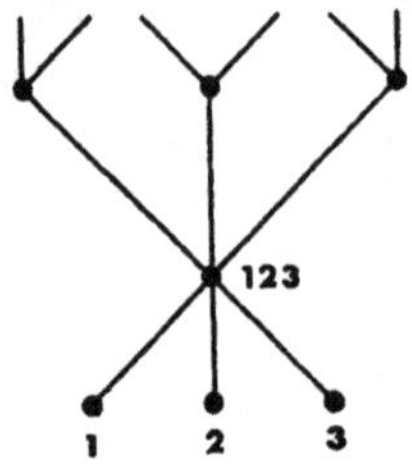

Fig. 3

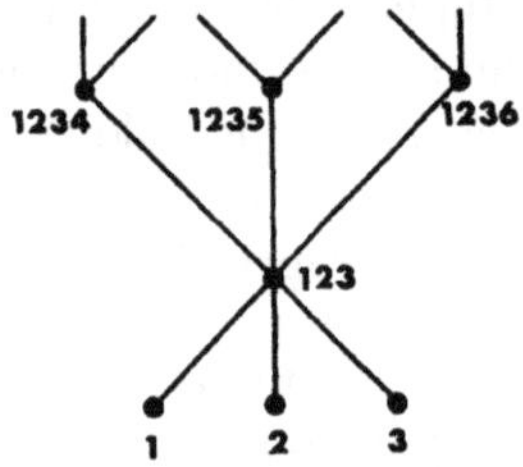

Fig. 4

Enfin, les « sommets » restants sont engendrés par union de ceux qui sont immédiatement en-dessous, d'où finalement, côté « colonnes » (fig. 6) :

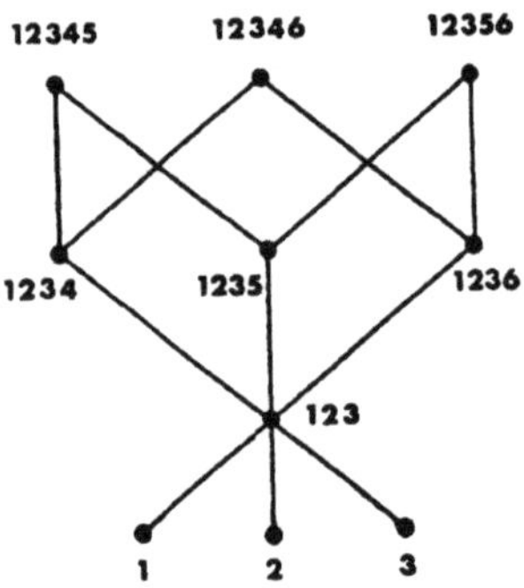

On procède de même côté « lignes » en reprenant le diagramme à partir du haut et l'on obtient finalement :

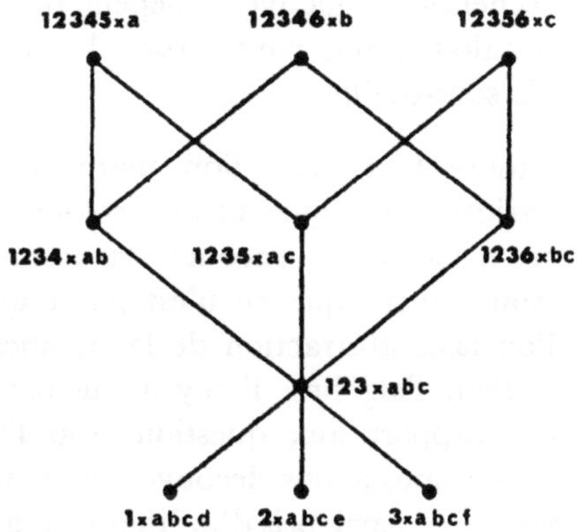

D'où le tableau *réduit* 6 × 6 correspondant :

F \ E	1	2	3	4	5	6
a	1	1	1	1	1	0
b	1	1	1	1	0	1
c	1	1	1	0	1	1
d	1	0	0	0	0	0
e	0	1	0	0	0	0
f	0	0	1	0	0	0

On aura compris par cette construction même, et sans qu'il soit besoin d'y insister, que, non seulement il n'existe qu'un tableau réduit au plus correspondant à un treillis fini donné, *mais aussi qu'il en existe toujours un*, car la procédure employée s'applique quel que soit le treillis dont on part.

Il est temps d'achever cette rapide excursion dans le domaine touffu des treillis de Galois des tableaux finis, qui n'est autre, nous venons de le voir, que celui de tous les treillis finis. Nous voulons cependant faire encore deux remarques :

1) Le problème auquel s'intéresse M. Matalon dans le dernier chapitre de cet ouvrage peut de façon précise être énoncé : trouver, dans un treillis, les sous-treillis qui sont produits cartésiens de deux échelles (échelles disjonctives indépendantes selon la terminologie de M. Matalon) ; ou, caractériser les tableaux dont le treillis admet de tels sous-treillis.

2) Dans toute la construction mathématique, on a fait jouer un rôle symétrique aux lignes et aux colonnes, au haut et au bas, etc... ; partout nous avons rencontré la *dualité*. Cela nécessite bien entendu, et nous savons que ce n'est pas toujours facile pour le praticien, que l'on fasse abstraction de la signification des lignes, des colonnes, etc... Pour l'algèbre, il n'y a aucune raison de privilégier les sujets par rapport aux questions (ou l'inverse), et une bonne partie de ce que nous avons découvert nous serait resté caché si nous n'avions pas eu ce parti pris d'indifférence aux significations.

Mais par contre, tenir compte des significations est, cela a été souligné, d'une importance capitale dans la recherche des échelles parmi celles qui sont possibles, et l'interprétation des résultats ; si l'on ne sait pas ce que l'on cherche, on a peu de chances de trouver quoi que ce soit.

Table des Matières

ACHEVÉ D'IMPRIMER
LE 16 MARS 1965
SUR LES PRESSES DE
L'IMPRIMERIE HÉRISSEY
A ÉVREUX (EURE)

Nº dépôt légal éditeur : 1299 [6409] Nº de code : 518,52

ERRATA

lire :

P. 130, l.7 :

$$\{\overline{3, 4}\} = g'g\,\{3, 4\} = g'\,\{c, d, e, f, i,\} = \{3, 4, 5\}$$

P. 130, dernière ligne : (l'algèbre booléenne)

P. 131, l.6 :

$g\,\{1\} = \{e, f\}$; $g'\,\{e, f\} = \{\overline{1}\} = \{1, 3, 4, 5,\}$ ....

P. 131, l.19 :

$$\{7\} \times \{d, e, h, a, c\} = G$$

P. 138, l.6 :

$$(\overline{X}_1 \times \overline{Y}_1) \wedge (\overline{X}_2 \times \overline{Y}_2) = (\overline{X}_1 \cap \overline{X}_2 \times \overline{\overline{Y}_1 \cup \overline{Y}_2})$$

P. 138, l. 7 :

$$(\overline{X}_1 \times \overline{Y}_1) \vee (\overline{X}_2 \times \overline{Y}_2) = (\overline{\overline{X}_1 \cup \overline{X}_2} \times \overline{Y}_1 \cap \overline{Y}_2)$$

P. 139, l.1 :

$$(x_1, x_2) \vee (y_1, y_2) = \left(\max\binom{x_1}{y_1}, \max\binom{x_2}{y_2}\right)$$

B. MATALON. — L'analyse hiérarchique.

Bei Fragen zur Produktsicherheit wenden Sie sich bitte an:
If you have any questions regarding product safety,
please contact:

Walter de Gruyter GmbH
Genthiner Straße 13
10785 Berlin
productsafety@degruyterbrill.com